黄河國家治理文獻集成（民國卷）第十五册

《黄河國家治理文獻集成》編委會　編

總第七十九册

治河論叢

張含英　著

董杰　編

内蒙古出版集團
内蒙古人民出版社

圖書在版編目（CIP）數據

治河論叢 / 張含英著 ; 董杰編 . -- 呼和浩特 : 內蒙古人民出版社, 2025. 8. --（黄河國家治理文獻集成）.

ISBN 978-7-204-18457-6

Ⅰ. TV882.1

中國國家版本館 CIP 數據核字第 20250ZL938 號

治河論叢

張含英　著

編　　者　董　杰
策劃編輯　王　瑶
責任編輯　陳利保
助理編輯　何可欣
裝幀設計　劉那日蘇　吉　雅　安立新
責任監印　包鐵柱
出版發行　內蒙古出版集團　內蒙古人民出版社
地　　址　呼和浩特市新城區中山東路 8 號波士名人國際 B 座 5 層
網　　址　http：//www.impph.cn
印　　刷　內蒙古愛信達教育印務有限責任公司
開　　本　880mm × 1230mm　1/16
印　　張　18
字　　數　210 千
版　　次　2025 年 8 月第 1 版
印　　次　2025 年 8 月第 1 次印刷
印　　數　1—1000 册
書　　號　ISBN 978-7-204-18457-6
定　　價　150.00 元

編纂委員會

主　　任　陳利保

副 主 任　周承英　吴義學　王　瑶

成　　員　賈大明　何可欣　董立群　羅　婧　王曉俊　董麗娟

白　玲　特日格勒　徐　飛　李月琪　王麗燕　李　琳

主　　編　董　杰

副 主 編　張曉東　曹　玲

委　　員（按姓氏筆畫排序）

王　丹　王智慧　王鑫義　白胡日查　朱紫陽　李　萌

李新蕊　姚亞菲　陳　思　曹佳興　梁芹洋　張文文

張　岩　張博原　張　祺　張曉英　喬恩懋　賀　莎

楊　怡　楊建國　楊　承　霍燕平　魏雪剛

引言

千古河流成沃野，幾年沙勢自風湍。

得益于黄河冲積所帶來的疏松土質和有機物，中華先民利用石製工具開始了農業生産，并逐步發展出旱地粟作農業，『能够最大程度保障食物供給的穩定性，奠定了中華文明起源和形成的堅實基礎』〔一〕。而利用河水灌溉，提高區域可預測農業産量，『在産業史上起着最有决定性的作用』〔二〕。隨後，技術進步、經濟發展、人口增加，讓先民的文化生活大爲豐富。嚴文明先生評價道：『這是一場影響深遠的革命。』〔三〕在這場革命中，平衡水、沙、産、人四者之間的關係，始終是黄河治理的核心問題。四者關係一旦失衡，就容易引發諸多灾患。

歷史上，黄河下游因人口稠密、經濟發達，一直是學術界關注的重點。但自河源至今内蒙古托克托縣河口鎮的黄河上、中游區域，雖遠離王畿，人口稀疏，却也一直備受關注，人們逐步認識到黄河全流域治理是國家的重要任務。《漢書》載：『堤防之作，近起戰國，雍防百川，各以自利。』〔四〕没有全流域的協同治理，僅靠各地分段築堤，則黄河河患無法解决。秦建立了中國歷史上第一個中央集權大一統王朝，秦始皇東巡碣石，刻石銘記『决通川防，夷去險阻』〔五〕，開啓中央政府調動各要素治黄之先河，這『在中國，實質上是國家的一種職能』〔六〕。同時，國家通過對黄河的有效治理，爲沿黄流域人民群衆乃至其他地區人民群衆提供了重要的公共物品和産業支撑，成爲人民群衆眼中中央政府的功過評價指標之一。因此，治黄在增强沿黄各族群國家、政治、文化認同的基礎上，强化了中國大一統國家的合法性，成爲歷代國家治理能力的一個重要測度。

一、黄河治理維護了國家的社會穩定

從秦并六國到漢朝建立大一統國家，中國統一的多民族國家形成并得到初步發展。當時中央政府對所轄疆域有『北邊郡』和『内郡』之稱。内蒙古額濟納旗出土的居延漢簡有載，『狠（墾）田以鐵器爲本北邊郡毋鐵官印器内郡令郡以時博賣予細民毋令豪富吏民得多取販賣細民』，可以看出北邊郡是與内郡相對應的行政管轄區域。《史記》卷二十八『封禪書第六』載：『上乃遂去，並（并）海上，北至碣石，巡自遼西，歷北邊至九原。』〔七〕。《史記》卷三十『平準書第八』載：『天子北至朔方，東到太山，巡海上，並（并）北邊以歸。』〔八〕司馬遷多次提及北邊，足見統治者對北邊治理的重視。

漢武帝時，齊人延年提出從今内蒙古引黄河水經今北京一帶，向東注入渤海，以衛北部邊疆。『是時方事匈奴，興功利，言便宜者甚衆。齊人延年上書言：「河出昆侖，經中國，注勃海，是其地勢西北高而東南下也。可案圖書，觀地形，令水工準高下，開大河上領，出之胡中，東注之海。如此，關東長無水災（灾），北邊不憂匈奴，可以省隄（堤）防備塞，士卒轉輸，胡寇侵盗（盗），覆軍殺將，暴骨原野之患。天下常備匈奴而不憂百越者，以其水絶壤斷也。此功壹（一）成，萬世大利。」』[九]《史記》卷二十四『樂書第二』載：『天馬來兮從西極，經萬里兮歸有德。承靈威兮降外國，涉流沙兮四夷服。』[十]如今，包頭地區出土了『四夷盡服』瓦當，出土文物與傳世文獻的呼應，成爲黄河治理維護祖國北部邊疆穩定的見證。

《史記》卷三十『平準書第八』載：『嚴助、朱買臣等招來東甌，事兩越，江淮之閒（間）蕭然煩費矣。唐蒙、司馬相如開路西南夷，鑿山通道千餘里，以廣巴蜀，巴蜀之民罷焉。彭吳（吴）賈滅朝鮮，置滄海之郡，則燕齊之閒（間）靡然發動。及王恢設謀馬邑，匈奴絶和親，侵擾北邊，兵連而不解，天下苦其勞，而干戈日滋。』[十一]清代《汾陽縣志》卷十三『藝文』收録曹學閔《開修黄蘆嶺車路紀德政碑記》，上載：『永寧州，界連西陲，北達邊外歸綏諸路，商賈遠貿粟麥，泛皮船隨黄流南下，聚于州西磧口，一府之民仰利賴焉。而東至太原，南抵平陽，州縣凡二十餘，亦視汾爲槖籥，蓋所繫非特一方生計矣。』[十二]民國時期，東北淪陷後，開發西北刻不容緩，而『黄河中游之水利，自應加以擴充及整理，藉（借）收桑榆之效，以挽狂瀾於（于）萬一』[十三]。

因黄河流域自然條件優越，歷朝歷代都十分重視對此地的開發，通過强有力的國家干預方式推動各類産業的發展，爲中國北部疆域的形成和社會穩定奠定了基礎。

二、民族交往、物資交流、技術轉移促成黄河治理共同體

《史記》卷十五『六國年表第三』載：秦始皇三十三年（前214），『築長城河上，蒙恬將三十萬』〔十四〕。這數十萬人中，擁有一技之長的人員不在少數。由此，邊地人口不斷增多，而豐富的物産則促進了商品交流與統一市場的形成。西漢《鹽鐵論·力耕第二》記録了『异物内流』的情形：『是以贏（騾）驢馲駞（駝），銜尾入塞，驒騱騵馬，盡爲我畜，鼲鼦狐貉，采旃文罽，充於（于）内府，而璧玉珊瑚瑠（琉）璃，咸爲國之寶。』〔十五〕此後，黄河北岸的『贏（騾）驢馲駞（駝）』『驒騱騵馬』『鼲鼦狐貉』『采旃文罽』與西南織錦、中原麻織、農作物等物資相互交流，逐步形成統一的國内大市場，加强了邊疆與其他地區的經濟聯繫，促進了邊疆特色産業的發展。

隨着民族交往交流交融的增强，清代以降，黄河流域内蒙古段輸入到内地的也不僅僅是『异寶』了。《綏遠通志稿·水路》載：『自乾隆以還。口外墾殖日廣。民殷物阜。出境之油、糧、鹽、鹼（碱）、甘草各貨。入境之日用雜貨。山西與歸綏往來之商運。凡經河路者皆以托屬河口爲唯一之碼頭。』〔十六〕從清乾隆年間到民國時期，由内蒙古經黄河運到山西的貨物有糧、油、鹽、碱、藥材、皮毛等，其中以糧油爲最大宗。糧食品種主要有糜黍、穀子、高粱、豆類及玉米、大小麥

等，油料主要是胡麻。内蒙古供貨支綫有從阿拉善盟阿拉善左旗吉蘭泰鹽池到山西吕梁市磧口鎮的運鹽駝路，五原縣、臨河區一帶各大幹渠的運糧水道，杭錦旗、達拉特旗的甘草馱運綫，鄂托克旗的運碱駝路。内蒙古段各條支綫以供貨爲主，山西段若干支綫以運銷爲主。

《臨縣志》載：『清朝乾隆至民國年間，陝、甘、綏、蒙等地的物資，通過此航綫運達磧口，再用牲口馱運到離石、吴城，轉運至東路（汾、平、介、孝等縣）。據民國20年（1931）統計，每年從綏遠磴口航至磧口的貨船不下4000餘艘』，『是陝、甘、綏、寧與晋西北物資集散之重鎮』。〔十七〕可見，内蒙古在甘肅、寧夏與陝西、山西等沿黄上下游物資交易中起到了重要的聯結作用；同時也吸引了山西、陝北、河北、山東、甘肅等地的農民遷移至此，并將開渠打壩、引水澆地等農業生産技術、手工技術和商業貿易經營方式帶到這裏。他們在此扎根，除了從事農業生産外，還挖甘草、下窑背炭、在黄河上拉船、在沙漠中拉駱駝、打短工放冬羊、開碾磨油坊，等等。不同地域、不同民族的人們合力修築河渠、引水興業，逐漸形成休戚與共的共同體。其間積纍的産品交易、商業管理、社會治理等方面的經驗，在今天依然有借鑒意義。

清代『首重治河，探河源以窮水患』〔十八〕，但更深層次的考量是『宣揚大一統及增强國家認同』〔十九〕。黄河流域人口基數大、分布廣，而全流域治理理念將不同地區、不同民族的人們凝聚成命運共同體，而『大一統』理念正是這一治理實踐的核心主題。

三、黄河流域拓展了中國的發展空間

早期統治者因巡幸及邊防建設所需，統籌管理沿黄河運與秦直道等沿黄馬道，維持着中央政府對北邊的有效治理。河套平原引黄渠道的建設爲秦漢王朝屯田事業提供了基本的水利保證，并將這些區域變成防禦北部邊患的大後方與根據地。于是，沿黄馬道、沿黄河運與萬里茶道、草原絲路等陸路運輸聯通起來，促進了中華文明與其他文明的交流互鑒，拓展了新的發展空間。

新中國成立之後，沿黄各族兒女在中國共産黨的領導下團結合作、艱苦奮鬥，實現了大河安瀾。黄河流域建立起行之有效的防洪抗汛機制，支撑着沿岸的産業發展，改善了周邊生態環境。當代治黄史證明，正是由于中國共産黨的正確領導以及集中力量辦大事的制度優勢，纔從根本上減輕了河患的威脅。進入新時代，黄河流域在築牢安瀾根基的同時，以蓬勃活力拓展着中國的發展空間。沿黄九省區在協同發展中不斷釋放潛力，讓黄河流域成爲國家區域協調發展戰略中不可或缺的重要一極，爲中國的發展源源不斷地注入新動能。

綜上所述，黄河流域的治理不是單純的河道治理、生態環境治理或社會治理，而是一種關涉水、沙、産、人四者關係的系統性、協同性治理，是推動國家可持續發展的動力，也是厘清國家治理與邊疆治理兩者動態交互實際效果的絶佳視角。而黄河工程等『中國本土理論資源、學術積釁』[二十]，有助于研究國家治理的演進歷程。進入新時代，黄河治理與國家治理的關係研究不斷開闢新視角、持續涌現新成果，其中鑄牢中華民族共同體意識、邊疆治理與黄河流域生態保護和高質量發展成爲非常重要的研究視角。因此，基于這一角度搜集整理黄河國家治理文獻，意義重大。《黄河國家治理文獻集成》，應運而生。

本叢書系統梳理了黄河治理的歷史脉絡與經驗，既爲新時代黄河流域生態保護和高質量發展提供了歷史鏡鑒，更以文獻爲載體，傳承了治理智慧、凝聚了民族力量，是服務國家發展戰略、鑄牢中華民族共同體意識的重要學術實踐。

《黄河國家治理文獻集成》編委會

二〇二五年一月

〔一〕韓建業：《中華文明的起源和形成》，載《中華民族共同體研究》2022年第4期，第80–91+172頁。

〔二〕中共中央馬克思恩格斯列寧斯大林著作編譯局：《馬克思恩格斯選集》第二卷，人民出版社，2014年，第240頁。

〔三〕嚴文明：《黄河流域文明的發祥與發展》，載《華夏考古》1997年第1期，第49–54+113頁。

〔四〕（漢）班固：《漢書》卷二十九『溝洫志第九』，中華書局，1964年，第1692頁。

〔五〕（漢）司馬遷：《史記》卷六『秦始皇本紀第六』，中華書局，1963年，第252頁。

〔六〕冀朝鼎：《中國歷史上的基本經濟區與水利事業的發展》，朱詩鰲譯，中國社會科學出版社，1981年，第7頁。

〔七〕（漢）司馬遷：《史記》卷二十八『封禪書第六』，中華書局，1963年，第1398-1399頁。

〔八〕（漢）司馬遷：《史記》卷三十『平準書第八』，中華書局，1963年，第1441頁。

〔九〕（漢）班固：《漢書》卷二十九『溝洫志第九』，中華書局，1964年，第1686頁。

〔十〕（漢）司馬遷：《史記》卷二十四『樂書第二』，中華書局，1963年，第1178頁。

〔十一〕（漢）司馬遷：《史記》卷三十『平準書第八』，中華書局，1963年，第1420-1421頁。

〔十二〕（清）方家駒修，（清）王文員纂：《汾陽縣志》卷十三『藝文』，清光緒十年刻本，第57-58頁。

〔十三〕王華棠、劉錫彤、吴樹德：《黄河中游調查報告》，華北水利委員會編印，1934年，第1頁。

〔十四〕（漢）司馬遷：《史記》卷十五『六國年表第三』，中華書局，1963年，第758頁。

〔十五〕王利器：《鹽鐵論校注》，中華書局，1992年，第28頁。

〔十六〕綏遠通志館：《綏遠通志稿》第十册，内蒙古人民出版社，2007年，第176頁。

〔十七〕臨縣志編纂委員會：《臨縣志》，海潮出版社，1994年，第273、321頁。

〔十八〕趙爾巽等：《清史稿》卷一二六『河渠一』，中華書局，1977年，第3715頁。

〔十九〕劉惠：《乾隆朝重構黄河河源的實踐與國家認同》，載《清華大學學報》（哲學社會科學版）2018年2期，第147-154+195頁。

〔二十〕許耀桐：《當代中國『治理』概念的演進探析》，載《國家現代化建設研究》2023年3期，第100-111頁。

出版前言

黄河，中華民族的母親河，她不僅孕育了中華文明，更見證了中華民族數千年的發展歷程。習近平總書記深刻指出：『從某種意義上講，中華民族治理黄河的歷史也是一部治國史。』這一重要論述，爲新時代黄河文化的保護傳承以及流域治理提供了根本遵循，也深刻揭示了黄河治理在國家發展和民族復興進程中的核心地位。在學習貫徹習近平新時代中國特色社會主義思想，積極響應國家黄河流域生態保護和高質量發展重大戰略，大力推進北疆文化建設的背景下，《黄河國家治理文獻集成》的編纂出版，具有重要的歷史意義、學術價值與現實指導意義。

黄河治理，自古以來就是國家的頭等大事。從遠古時期大禹治水，到當代運用科學技術進行系統治理，中華民族在數千年的時間裏，積纍了豐富的治河經驗，留下了浩如烟海的文獻遺産。《黄河國家治理文獻集成》收録了元代至民國時期古籍、朱批奏摺、期刊圖片等多模態文獻資源。這些文獻内容豐富、維度多元，既包含記載河工技術、治理方略等的專書，又有漢文朱批奏摺、工程檔案以及不同區域的調查研究報告等。民國時期的文獻則標志着現代水利科學開始融入黄河治理，展現了我國水利事業在時代變革中的創新與發展。近代照片的收録則以更加直觀的方式將黄河治理、黄河沿岸的風貌呈現給讀者。

該文獻的出版，不僅是對瀕危黄河文化遺産的及時搶救與保護，更是對我國水利史、國家治理史、邊疆治理研究學術鏈條的重要補充，具有較高的文獻價值和學術意義。尤爲重要的是，這一集成工作，深度契合鑄牢中華民族共同體意識這一全黨全國各族人民的共同任務。各民族在治理黄河的歷史進程中，緊密協作、共同探索，這些珍貴文獻便是各民族交往交流交融和中華文明認同的生動見證。對這些文獻進行整理出版，能够讓各族人民更加深刻地認識到，在歷史長河中，各民族共同爲黄河治理貢獻了力量，共同守護了家園，從而進一步增强對中華民族共同體的認同感與歸屬感，夯實鑄牢中華民族共同體意識的歷史根基。

《黄河國家治理文獻集成》以『國家治理』爲核心綫索，構建起一個全面、系統、多維的文獻體系：在時間跨度上，聚焦從元代至民國這一傳統治河向現代水利轉型的歷史時期，爲深入研究我國水利事業的發展脉絡提供了清晰的時間坐標；在内容分類上，細緻劃分爲技術專著、工程檔案、區域研究、朱批奏摺、科學報告、圖片等類别，涵蓋黄河治理的各個方面，從不同角度展現了我國在黄河治理上的探索與實踐；在版本選擇上，秉持嚴謹、科學的態度，確保文獻内容的準確性與代表性，爲學術研究奠定堅實基礎。

在編纂過程中，叢書特别注重『全流域治理』的理念，不僅收録了有關下游防洪治河的重要文獻，還涵蓋了中游地區水土保持以及上游地區灌溉開發等方面的珍貴記載。這種對黄河全流域治理的全方位關注，與當前『共同抓好大保護，協同推進大治理』的要求高度契合，充分體現了叢書在傳承歷史文化遺産的同時，緊密服務于當代國家發展戰略的時代價值。

在出版過程中，嚴格保持原書的版式與行款，最大程度地還原文獻原貌。對于部分出現黴變、殘缺的頁面，運用先進的數字化修復技術進行精心處理，在保留原始批注與印章痕迹的基礎上，兼顧了文物的真實性與文獻的可讀性。

此外，爲了更好地服務讀者，方便學術研究，本叢書新增了目録、提要等内容，這些新增部分由編委會精心撰寫。新增目録一般編製二級，個別圖書編製三級；原書有目録而内文無對應標題的，根據原書目録照録；原書目録爲關鍵詞或者其他情况的不編製目録；原書目録與内文不一致的，以原書内文爲準；原書無目録的，按卷端、版心或其他部分輯録；一册書中收録多種圖書的，以書名爲一級標題，編製二或三級。在文字使用上，統一使用現代漢語規範繁體字，對于原版文獻中的异體字、避諱字也使用現代規範繁體字，無對應規範繁體字的保留原字。

《黄河國家治理文獻集成》的出版，是對黄河文化遺産的一次系統性、搶救性保護，具有重大而深遠的現實意義：從學術價值層面來看，叢書成功構建起一座連接傳統與現代治黄文獻的橋梁，爲黄河流域生態保護、水利工程史、國家治理史、邊疆治理、中華民族共同體學等多個領域的學術研究提供了豐富、翔實的基礎文獻，有力推動了相關學科的發展與創新；從文化價值角度而言，生動展現了北疆文化與黄河文化在歷史長河中的交融共生，爲内蒙古『北疆文化』品牌建設提供了堅實的文獻支撑，進一步豐富了中華文化的内涵與外延；從實踐價值方面考量，書中所藴含的治河理念爲我們在新時代背景下實現人與自然和諧共生、推動黄河流域可持續發展提供了寶貴的歷史經驗與智慧啓示。

在此，我們要衷心感謝各藏書機構的大力支持，正是他們提供了珍貴底本資源，纔使得本叢書的編纂出版成爲可能。同時，我們也要向文化遺産智能應用服務中華民族共同體建設『英才興蒙』團隊致以崇高的敬意，他們歷經五年的辛勤耕耘，以嚴謹的治學態度和專業的學術素養，對文獻進行了系統的整理和輯録，爲叢書的内容質量提供了堅實保障。此外，我們還要特别感謝内蒙古自治區黨委宣傳部、内蒙古出版集團將本叢書納入『北疆文庫』重點項目，并在出版過程中給予全方位支持與幫助。

我們衷心期待，這套凝聚着無數心血與智慧的《黄河國家治理文獻集成》，能够在新時代的『黄河大合唱』中奏響歷史的强音，爲黄河流域生態保護和高質量發展注入强大的歷史動力，讓黄河文化在保護中傳承，在傳承中創新，在創新中不斷發展，綻放出更加絢爛的光彩。同時，希望這套叢書能够成爲促進各民族文化交流、鑄牢中華民族共同體意識的重要載體，助力各民族更加緊密地團結在一起，共同爲實現中華民族偉大復興的中國夢而努力奮鬥，讓中華民族共同體意識在黄河文化的滋養下，扎根于每一位中華兒女的心中，成爲推動中華民族不斷前進的强大精神力量。

提要

《治河論叢》是一部研究黄河治理的論文集。張含英（1900—2002）著。張含英，字華甫，曹州府菏澤縣人（今山東菏澤），著名水利專家、教育家，受教于北洋大學、美國伊利諾伊大學及康奈爾大學。歷任黄河水利委員會秘書長、總工程師、委員長，北洋大學校長等職；兼任中國水利學會理事長、全國人大代表、全國政協常委。曾推動近代黄河治理科學化，建立水文站網，測算黄河糙率、洪峰流量參數；提出『全流域規劃、綜合治理』思想，主持黄河治本團考察；參與三門峽水庫、人民勝利渠工程决策。著述有《治河論叢》《歷代治河方略述要》《黄河治理綱要》等。

該書包括《治河策略之歷史觀》《黄河答客問》《論治黄》《水灾與國難》《黄河改道之原因》等内容，是研究張含英治黄理論與實踐的重要史料，也是瞭解民國時期治黄實踐的重要參考書。

目録

黃河水利委員會委員兼總工程司
張含英著

國立編譯館

自序

每憶童年夏日家居，輒於皎月初升，暑氣少退之時；納涼湖畔，藉聞老人閒話；星斗在天，飛螢撲面，清風徐至，荷香陣陣襲人，致足樂也。然此閒逸之情境，每爲恐怖之惡聲所驚破，以致舉座驚惶，惴惴焉若無所措，一似大難之將臨者。蓋魯西曹屬，位在三省交界，素多盜匪，夏季青紗帳起，匪勢尤熾；而又地瀕大河，水患時聞，鄉農禦匪防水，恒以鳴炮擊金爲號，每至匪警水患交乘之時，則隆隆鏜鞳之聲，喧天震地，澈夜不絕，故居民聞之，恒惶懼萬狀而無所措也。

二十年前，吾曹鄉先達王公鴻一，力倡生產，推廣教育，促進地方自治，化刁狡爲良善，進游民於恒業，以故近年匪患被於全國，而獨吾曹屬匕鬯不驚，人民晏然居處者六七年矣。且教育之發達，幾爲全省之冠，此鴻一先生一人之力焉。然匪禍固去，而河患猶如故也。

含英幼年飽受河驚，深知其害，因患思治，於是研究之念油然而生。長而負笈海外，專習水利，期以達此志也。回國而後，十餘年間，業餘之暇，乃專致力於黄河問題；偶有所得，輒錄而存之，或發表於報章雜誌，以供時人參考。顧黄河流域，廣袤偉闊，治導事業，經緯萬端。凡所言者，僅及萬一，用備一時之蒭蕘則可，若刊之簡策，垂諸異日，則愧有未敢也。乃近承黄河志編纂會諸友好之囑，令將已往所撰治河文稿，編輯成册，用以問世，因選輯曾經發表之稿十五篇，刊爲一册，以副雅誼。選擇之標準，僅以專論黄河爲範圍，其已成專書或與他人合作而列於他册，或因職務關係而作之各項報告計畫，概不選入。所選各篇内容，泰半爲探求河患之來源，與治導策略之方針，故對於水文之研究，史乘之紀載，多所論列，以求詳盡，至其當焉與否？則非私見所敢定也。

抑又有進者：近年以來，對於黄河之研究測勘，及試驗之實施進行，日漸發展，數載之後，治河理論，必更因之丕變。卽含英異日之見，亦或與今不同；則兹區區之編，或將等於陳言故紙。雖然，此固黄河之幸事，抑亦作者之所願也。不禁跂予望之矣！

中華民國二十五年元月菏澤張含英識於開封

錄

治河論叢

一　治河策略之歷史觀

歷代治河之策略，恒因河道之情形，與夫政治之狀況而異。雖言治河者無慮千百，然簡要言之，兩漢以賈讓三策爲中心，宋代以南北分流爲爭點，明代則趨於分黃導淮之辯議；近世則欲以水力之原理，科學之方法，作治本治標之探討。爰分別述之：

一　夏禹

帝堯六十有一載，洪水滔天，帝咨四岳，舉鯀俾乂；帝乃封鯀爲崇伯，使治之。鯀大徒役作九仞之城，九載，績用弗成。七十有二載，使鯀子禹作司空，以續父業。命諸侯百姓，興人徒以傅土。禹乘四載，行山表木，勞心焦思，以水之患，莫大於河，乃導河積石，至于龍門，南至于華陰，東至于底柱，又東至于孟津，東過洛汭，至于大伾，北過洚水，至于大陸，又北播爲九河，同爲逆河，入於海。

禹八年於外，三過其門而不入，始冀州，次兗，次青，次徐，次揚，次荆，次豫，次梁，次雍。過九川，度九山，陂九澤，任土作貢，則壤成賦，弼成五服，外薄四海。於是禹錫元圭，告厥成功（帝堯八十載，西歷紀元前二二七八年）。

治河程序，必由下而上，故禹自冀而兗，以疏河之下游，自青而徐，以疏淮之下游，自揚而荆，以疏江漢之下游，然後自豫而梁，以濬伊洛之源，自梁而雍，以濬河渭之源；俾大者有所歸，而小者有所洩，皆順自然之情勢而導之也。

大禹治河，曾否採用隄防，頗爲後世所搆訟，而歷代談水利者，率以上古治水，有疏，有浚，而無隄防。明潘季馴曰：「禹貢云：『九澤既陂，四海會同。』傳曰：『九州之澤，已有陂障，而無決潰，四海之水，無不會同，而各有所歸。』禹之導水，何嘗不以隄哉?!」蓋以鯀之治水，以障爲主，禹則以導爲主，故世多謂禹不用隄防，實亦過甚之言也。亦或誤於賈讓之說歟?!

後世又有以禹播九河以分水勢者。著者於「黄河答客問」一文中，力駁此說。蓋以大禹之「播爲九河，同爲逆河，」乃順當時自然之情勢，以導引之，非以人工另闢九河，又合爲一河也。故「播爲九河」非大禹成功之惟一方法，乃順自然之勢耳。且其時大陸之下，既非生產之中心，文化之會萃，當時應否加以澈底之治理，亦一問題也。

二 兩漢

河於周定王五年（西歷紀元前六〇二年）決自黎陽（今濬縣）宿胥口，東行漯川，至長壽津（今滑縣東北）始與漯別行，至大名，約與今衞河平行，至滄縣與漳合，至天津以入渤海。漢文帝十二年冬十二月，河決酸棗，東隤金堤，興卒塞之。武帝建元三年冬，河水溢於平原。元光三年春，河徙頓丘；夏決濮陽；六年春，穿渭渠。元封二年春，帝如東萊，夏還，臨塞決河，築宣房宮。元帝永光五年冬，河決清河靈鳴犢口。成帝建始四年秋，河決東郡金隄。河平元年春，以王延世爲河隄使者，塞河決。三年秋，河復決平原，命延世塞之。鴻嘉四年秋，渤海清河信都河水溢。綏和二年秋，求能浚川疏河者。平帝元始四年，徵能治河者百數。新莽始建國三年，河決魏郡。東漢時，明帝永平十二年夏四月，修汴渠隄。

漢武帝元光中，河決瓠子。是時武安侯田蚡爲丞相，其奉邑食鄃，鄃居河北，河決而南，則鄃無水災，邑收多。蚡言於帝曰：「江河之決皆天事，未易以人力彊塞，塞之未必應天。」而望氣用數者亦以爲然。於是帝久之不事復塞。田蚡以私利之見論治河，不足取也。

武帝元鼎間，齊人延年上書言：「河出昆侖，經中國，注渤海，其地勢西北高而東南下，可案圖書觀地形，令水土準高下，開大河，東注之海。如此則關東長無水災。」書上帝壯之，惟以河乃大禹所道，恐難更改，遂寢其議。

延年之言誠壯矣，惜未顧及事實也。無論其在地理上不可能，即或能之，亦難減下游之河患。蓋就流域之面積論之，包頭以上雖當全數之半，然以入河之支流無多，水勢尙不甚大，迨至下游，涇、渭、汾、沁、伊、洛等水匯流入河，而後流勢始猛，爲害始烈。二十二年之水災，其一例也。蓋以估計是年洪流爲二萬三千秒公方，而來自包頭以上者，僅二千二百秒公方耳。

成帝初，淸河都尉馮逡奏言：「郡承河下流，土壤輕脆易傷，頃所以無大害者，以屯氏河通，兩川分流也。今屯氏河塞，靈鳴犢口又益不利。獨一川受數河之任，雖增高隄防，終不能泄，如有霖雨旬日不霽，必盈溢。九河故迹，今既滅難明，屯氏河新絕未久，其處易浚；又其口所居高，於以分殺水力，道里便宜，可復浚以助大河泄暴水，備非常。不豫修治，北決病四五郡，南決病十餘郡，然後憂之晚矣。」

成帝綏和二年，求能治河者，待詔賈讓上言上中下三策。其上策爲徙民以避水，其言曰：

「古者立國居民，疆理土地，必遺川澤之分，度水勢所不及，大川無防，小水得入，陂障卑下，以爲汙澤，使秋水多得有所休息，左右游波，寬緩而不迫。夫土之有川，猶人之有口也。治土而防其川，猶止兒啼而塞其口，豈不遽止，然其死可立待也。故曰：善爲川者決之使導，善爲民者宣之使言。蓋隄防之作，近起戰國，壅防百川，各以自利，齊與趙魏，以河爲境，趙魏瀕山，齊地卑下，作隄去河二十五里，河水東抵齊隄，則西泛趙魏，趙魏亦爲隄，去河二十五里，雖非其正，水尙有所游蕩。時至而去，則塡淤肥美，民耕田之，或久無害，稍築宮宅，遂成聚落。大水時至漂沒，則更起隄防以自救，稍去其城郭，排水澤而去之，湛溺固其宜也。今隄防陿者去水數百步，遠者數里。近黎陽南，故大金隄從河西西北行，至西山南頭，迺折東，與東山相屬，民居金隄東爲廬舍，住十餘歲，更起隄自東山南頭，直南與故大隄會，又內黃界中有澤方數十里，環之有隄，往十餘歲，太守以賦民。民今起廬舍其中，此臣親所見者也。東郡白馬故大隄，亦復數重，民皆居其間。從黎陽北盡魏界，故大隄去河遠者數十里，內亦數重，此皆前世所排也。河從內黃北至黎陽，爲石隄，激使東抵東郡平岡，又爲石隄，使西北抵黎陽觀下，又爲石隄，使東北抵東郡津北，又爲石隄，使西北抵魏郡昭陽，又爲石隄，激使東北，百餘里間，河再西三東，迫阨如此，不得安息。今行上策，徙冀州之民，當水衝者，決黎陽遮害亭，放河使北入海，河西薄大山，東薄金隄，勢不能遠，泛溢期月自定。難者將曰：若如此，敗壞城郭田廬冢墓以萬數，百姓怨恨。昔大禹治水，山陵當道者毀之，故鑿龍門，辟伊闕，析砥柱，破碣石，墮斷天地之性，此迺人工所造，何足言也。今瀕河十郡治隄，歲費且萬萬，及其大決，所殘無數；如出數年治河之費，以業所徙之民，遵古聖之法，定山川之位，使神人各處其所，而不相奸。且以大漢方制萬里，豈其與水爭咫尺之地哉！此功一立，則河定民安，千載無患，故謂之上策。」

賈讓中策爲引水灌田，以分水勢而免河患，其言曰：

「若迺多穿漕渠於冀州地，使民得以溉田，分殺水怒。雖非聖人法，然亦救敗術也。難者將曰：河水高於平地，歲增隄防，猶尚決溢，不可以開渠。臣竊按視遮害亭西十八里，至淇水口，迺有金隄高一丈，自是東地稍下，隄高，至遮害亭高四五丈，往五六歲，河水大盛，增丈七尺，壞黎陽南郭門，入至隄下，水未踰隄二尺所。從隄上北望，河高出民屋，百姓皆走上山。水留十三日，隄潰二所，吏民塞之。臣循隄上行視水勢，南七十餘里至淇口，水適至隄半，計出地上五尺所。今可從淇口以東爲石隄，多張水門。初元中，遮害下河去隄足數十步，至今四十餘歲，適至隄足。由是言之，其地堅矣。恐議者疑河大川難禁制，滎陽漕渠足以卜之。其水門但用木與土耳。今據堅地作石隄，勢必完安。冀州渠首，盡當仰此水門。治渠非穿地也，但爲東方一隄，北行三百餘里，入漳水中，其西因山足高地，諸渠皆往往股引取之。旱則開東方下水門，溉冀州；水則開西方高門，分河流。通渠有三利，不通有三害。民常罷於救水，半失作業，此一害也。水行地上，湊潤上徹，民則病濕氣，木皆立枯，鹵不生穀，此二害也。決溢有敗爲魚鼈食，此三害也。若有渠漑，則鹽鹵下濕，塡淤加肥，此一利也。故種禾麥，更爲秔稻，高田五倍，下田十倍，此二利也。轉漕舟船之便，此三利也。今瀕河隄吏卒郡數千人，伐買薪石之費，歲數千萬，足以通渠成水門；又民利其灌漑，相率治渠，雖勞不罷。民田適治，河隄亦成。此誠富國安民，興利除害，支數百年，故謂之中策。」

賈讓下策爲修築隄防，其言曰：

「若迺繕完故隄，增卑培薄，勞費無已，數逢其害，此最下策也。」

二千年來，對賈讓三策，率多稱之，且認爲不易之法。徙民以避水者，卽「不與水爭地」之意。獨淸靳輔謂此策不可行，其言曰：「但曰民可徙，四百萬之國儲，將安適乎？卽欲徙民，吾不知將徙此數千百萬之民於何地也？且河流不常，使河東北入冀，吾徙冀州之民以避之，倘河更東而沖兗，南而徐而豫，吾亦將盡徙兗之民徐豫之民而避之乎？」又曰：「讓之三策自爲西漢黎陽、東郡、白馬間言，未嘗全爲治河立論。」靳輔之論頗爲切要。

後世雖皆知隄防非治河之完策，然舍此又他無良法，故隄防實佔治河工作之全部。明潘季馴且謂隄防古已有之，並非下策，其言曰：「昔白圭逆水之性，以鄰爲壑，是爲之障。若順水之性，隄以防溢，則謂之防。防之者，乃所以導之也。河水盛漲之時，無隄則必旁溢，旁溢則必泛濫而不循軌，豈能以海爲壑耶？故隄之者，欲其不溢，而循軌以入於海也。」其所引禹貢：『九澤旣陂，四海會同。』諸語，已見前夏禹節內，茲不贅述。潘氏論隄之重要，極爲警闢，惜只有隄防，仍不足以治河，況尚未能盡其利乎？

按賈讓論民侵河田，與夫戰國之河防，當屬事實。惟以人口之增加，故有所爭。冀魯豫大平原本爲黃河沖積所成，今尚奔突馳騁於此三省之間，在當時爲患之烈，概可想見。是故徙民以避水，只可苟安於一時，絕難維持於永久。況人烟日稠，將更移而無可移乎？克服自然之能力，雖與文化而俱進。然人口日增，其治導之術亦日艱。太古之時，徙民以避水，必爲可能，所謂逐水草而居者，足資明證。西漢之時，對徙民之事，雖已感困難，或尚有可能；後人猶以徙民爲治河高尙之原則，豈爲事實所容許？以徙民可爲黃河淤田之上策，決非可與言治河也，不與水爭地，不惟不能治河，而河且將日敝矣。

黃河之患，在於淤澱。如河身高於鄰田，水道壅阻不暢，皆爲改道衝決之原。其所以如是者，一由河經黃壤層，攜沙過多；一由河身不當沖積無常，苟能於此處設法，其事雖難，而實爲根本之要圖。前人徒倡「不與水爭地」之說，事實上既不可能，而又予治河者以錯誤之印像，遷延至今，兩千餘年，河之不治，胥由是也。後之治河者，以事實上既不能徙民，不得已而求其次，乃寬其河身，以緩水流，以殺其勢，殊不知水勢愈殺而沙停愈多，河身日高，而河患亦日烈。故曰西漢之時，雖可以徙民爲上策，及至今日，則遝不可行矣。所可異者，歷代雖不無反對之人，然更由「徙民」演爲「不與水爭地」之說，經千有餘年，迄至明潘季馴始有「以水攻沙」之論，然世人以歷史之觀念過深，至今尤不克蠲除，甚可惜也。

賈讓之中策爲引水灌田，以分水勢，其主要目的在分水勢，灌田其副效耳。灌溉之利，自不待言。惟分水勢與治河之影響如何，實不可不深究也。分流之制，始於大禹播九河。後世之論者亦多。如漢張戎則議禁民毋引河灌田，潘季馴則言「合愈於分。」胡渭則以爲穿渠引水，田利而河病，皆其例也。

竊以黄河之宜合不宜分，至顯然也。蓋黄河之最大問題在泥沙，分其勢則沙沈而河淤。惟此不過指孟津以下之幹河而言，若謂引涇、渭、汾、洛諸水以灌田，而有害於幹河則非也。泥沙之來源，多由於各支流，若引之以灌田，則支流水來以漸，而攜沙亦少，與幹河不第無損，而且有益。

惟欲分水勢，滚水壩之設，至爲需要。於水位達一定高度時，水卽可漫壩而分其流，既免淤積之弊，且收分水之效。潘季馴云：「黄河水濁，固不可分，然伏秋之間，淫潦相仍，勢必暴漲。兩岸爲隄所固，不能洩，則奔潰之患，有所不免。」旨哉言乎！

是故賈讓中策之目的雖尙可，而其方法則不可用。

賈讓以隄防爲下策，其意蓋不若前二者之效用，然猶可用之也。其說亦頗合理，似不宜以下策名之。蓋河之爲患，其原因甚多，如人體然，其病之來源，或由於飲食，或由於風寒，或由於傳染，或由於外傷，衛生之道，必兼顧之，斷難定某爲上策，某爲下策也。隄防之重要，古今中外，莫不然之，特不視爲治河之惟一法門耳。

後人既不能行徙民之策，又不甘只用隄防之法，故兩隄之間，相距甚遠，既師不與水爭地之意，且可增卑培薄以防水。及後以水攻沙之議興，而大隄之內，沿河又築縷隄（外隄名爲遙隄）蓋欲因河之勢，而順流東之者也。

夫河自禹道逐漸東南徙，卽其就下之證。西漢二百餘年間，河患數數，危急日甚。然其時除賈讓之三策，又別無良法，因循不定，迄無實施，卒使河道南徙。獨恨當時之君主，徒託空言，不務實際，置民生於不顧，貽河患於無窮，西漢之亡，良有以也。王莽始建國三年（西歷紀元十一年）河決魏郡，至千乘入海。徵能治河者以百數，大都祖賈讓徙曠地，放渤海之遺策。迄於東漢建武十年，光武欲修之，浚儀令樂俊上言：「民新被兵革，未宜興役。」乃止。其後汴隄東侵，河患愈甚，兗豫百姓怨歎，以爲縣官恒興他役，不先民急。永平十二年，議修汴渠，有荐樂浪王景能治河者，詔發卒數十萬。景修渠築隄，自滎陽東至千乘海口千餘里，乃商度地勢，鑿山阜，破砥磧，直截溝澗，防遏衝要，疏決壅積，十里立一水門，令更相洄注，無潰漏之患。景雖簡省役費，然猶以百億計；明年夏，渠成。

王景之治河，其法卽爲整治河槽，修築隄防，水門放淤，以減泥沙。蓋以黃河東移，民不堪命，賈讓之策，旣不可行；則整理河槽，修築隄防，實爲必要之圖；其後千載無患者，皆景之功也。世之論河者，多稱讓勝於景，殆臆度之辭耳。

三　兩宋

宋都汴梁，漕運之途徑以變。太宗太平興國八年，河決滑州，至彭城入於淮，張齊賢塞之，是爲南流入淮之始。至仁宗慶歷八年（西歷紀元一〇四八年）河決商胡。至天津入海，是爲北流。越十二年分流於魏，成二股河。金章宗明昌五年（西歷紀元一一九四年）河決陽武；至壽張注梁山濼，北派由大清河入海，南派由南清河入淮。

真宗大中祥符年間，李垂上導河形勢書三篇，並圖。其主張不以疏禹九河故道爲是，蓋以考諸圖志，九河並在平原而北，且河壞澶滑，未至平原而已決矣。九河奚利?!故主張自滑台而下，派之爲六。廷臣議其煩費，遂寢。天禧三年六月，滑州河溢，歷澶、濮、曹、鄆東入於淮；卽遣使賦諸州薪石楗橛芟竹之數千六百萬，發兵九萬人治之。四年三月，河塞。李垂又上書言疏河；擬另疏一道，自上流引北，載之高地，東至大伾，瀉復於澶淵舊道，使南不至滑州，北不至通利軍界。又以煩擾罷之。

知滑州陳堯佐，以西北水壞城無外禦，築大堤，又疊埽於城北，護州中居民，復就鑿橫木，下垂木數條，置水旁以護岸，謂之木龍，當時賴焉。

河至宋室，已漸呈淤塞之象，故李垂屢有疏河之議，其上書有云：「……或者云，今決處槽底坑深，舊渠逆上，若塞之，旁必復壞……」可見一斑。及仁宗慶歷八年，河決商胡，自天津入海。新流亦不暢，故李仲昌請自澶州商胡河，穿六塔河，引河歸橫隴故道，以殺其勢，是主張仍復故道者。而歐陽修則以爲不可。有云：「……且河本泥沙，無不淤之理，淤常先下流，下流淤高，水行漸壅，乃決上流之低處，此勢之常也。然避高就下，水之本性，故河流已棄之道，自古難復。臣不敢廣述河源，且以今所欲復之故道，言天禧以來屢決之因：初天禧中，河出京東，水行於今所謂故道者，水既淤澀，乃決天台埽，尋塞而復故道。未幾又決於滑州南鐵狗廟，今所謂龍門埽者，其後數年，又塞而復故道。已而又決王楚埽，所決差小，與故道分流。然故道之水，終以塞淤，故又於橫隴大決。是則決河非不能力塞，故道不能力復，所復不久，終必決於上流者，由故道淤而水不能行故也。及橫隴既決，水流就下，所以十餘年間，河未爲患。至慶曆三四年，橫隴之水，又自海口先淤，凡一百四十餘里，其後游金赤三河相次又淤，下流既梗，乃決於上流之商胡口。然自京東，橫隴兩河故道，皆下流淤塞，河水已棄之高地，京東故道屢復屢決，理不可復，不待言而易知也。……若六塔者，於大河有減水之名，而無減患之實，今下流所散，爲患已多，若全回大河以注之，則濱、棣、德、博，河北所仰之州，不勝其患，而又故道淤塞，上流必有他決之虞。此直有害而無利耳！……大約今河勢負三決之虞，復故道，上流必決，開六塔，上流亦決，河之下流若不浚使入海，則上流亦決。臣請選知水利之臣，就其下流求入海路治而浚之。不然下流梗澀，則終虞上決，爲患無涯。臣非知水者，但以今事可驗者較之耳！……」蓋當時河槽已不成形，故水無所容，下流不暢，則因壅而決，故討論之焦點在斯。及河分二股，全國之目標又轉爲疏浚二股河矣！

神宗初年，河溢恩、冀、瀛等處，帝憂之，顧問近臣司馬光等；都水監丞李立之請於恩、冀、瀛等州，創生隄三百六七十里以禦河。都水監丞宋昌言謂今二股河門變移，請迎河浹進，約簽入河身，以紓四州水患。遂與屯田都監內侍程昉獻議開二股以導東流。詔翰林學士司馬光等，乘傳往相度。光等還，對請如昌言策。已而二股河通行，東流漸深，北流淤淺。水官張鞏等，請塞北流。詔光復往視，光入辭，言：「欲閉北流，既恐勞費，幸而可塞，東流淺狹，隄防未全，必且致決溢，是移恩冀淪胥之患於滄德等州也。」時王安石以光議屢不合，今令視河，後必不從其議，是重使不安職也。乃獨遣張茂則行，遂閉北流。北流既塞，而河自其南許家港東決，泛濫大名、恩、德、滄、永靜五州軍地。

河既淤塞，於是選人李公義獻鐵籠爪揚泥車法以濬河。人皆知不可用，惟安石善其法，令宦官黃懷信先試之，以濬二股，又謀鑿直河數里，以觀其效。次年又令范子淵等共試驗之，皆言不可用；會子淵以事至京師，安石問其故，子淵意附會，遽曰：「法誠善，第同官議不合耳。」安石大悅，至是乃置濬河司。是治河亦受黨派私見之累也。

總之，有宋一代，河道紊亂已極，河槽淤澱日甚；而議事者又格於黨派之見，國家亦日漸貧弱，不克顧及，是以終宋之世而河不治也。

四　元

元代治河能臣，當推賈魯。其時丞相脫脫，慨然有志於事功，論及河決，卽言於帝，請躬任其事。乃命集羣臣議廷中，而言人人殊；惟都漕運使賈魯言必當治。魯以二策獻：一議修北隄，以制橫潰，其用工省；一議疏塞並舉，挽河使東行，以復故道，其工費甚大。脫脫韙其後策；雖工部尙書成遵力反其說，卒無效。後二年命賈魯以工部尙書充河防使，四月二十二日鳩工，七月疏鑿成，八月決水放河，九月舟楫通行，十一月水土工畢，諸埽諸堤成，河乃復故道，南匯於淮，東入於海。自受命及還朝，僅逾半載，昏曉百刻，夫役分番，無少間斷，其强敏果敢之才，近古以來，未嘗有也。其治河方略，載於至正河防記，節錄如下：

「治河一也，有疏有濬有塞，三者異焉。釃河之流，因而導之，謂之疏；去河之淤，因而深之，謂之濬；抑河之暴，因而扼之，謂之塞。疏濬之別有四：曰生地，曰故道，曰河身，曰減水河。生地有直有紆，因直而鑿之，可就故道。故道有高有卑，高者平之以趨卑，高卑相就，則高不壅，卑不瀦，慮夫壅生潰，瀦生堙也。河身者，水雖通行，身有廣有狹，狹難受水，水溢悍，故狹者以計闢之；廣難爲岸，岸善崩，故廣者以計禦之。減水河者，水放曠則以制其狂，水隳突則以殺其怒。治隄一也，有刱築補築之名，有刺水隄，有截河隄，有護岸隄，有縷水隄，有石舡隄。治埽一也，有岸埽、水埽，有龍尾、攔頭、馬頭等埽，其爲埽台及推捲牽制薶掛之法，有用土、用石、用鐵、用草、用木、用杙、用絙之法。塞河一也，有缺口，有豁口，有龍口；缺口者已成川，豁口者舊常爲水所豁，水退則口下於隄，水漲則溢於口；龍口者，水之所會，自新河入故道之源也。」

賈魯之策，卽爲疏塞並舉，其方法則如上節所述，可謂詳盡矣。其時成遵反對之理由，則係根據測勘地形，與水位，兼以山東連歉，民不聊生也。然賈氏能注意於河槽淤塞而疏之，隄岸之殘破而塞之，分流之紊亂而引之，其眼光之高遠，毅力之偉大，實有足多者。蓋以有宋一代，言論多而成功少，意見紛歧，終至河患日深，無可救濟，故王景而後賈魯一人而已。

五　明

自賈魯疏、濬、塞三法倡出後，頗爲後世河臣所遵守。徐有貞上疏言：「請先疏其水，水勢平，乃治決，然後可建閘壩，以時節宣，無溢涸而後河可得而安。」此疏、塞、濬依次並用者也。

孝宗弘治五年，河復決金龍口，潰張秋隄，奪汶水入海。六年劉大夏行視決口，闊九十餘丈，以下流未可治，宜治上流。先導之南行，只築長隄，以防大名山東之患，俟河循軌而後決可以塞，是先濬而後塞也。於是發丁夫數萬，濬賈魯舊河，由曹出徐以殺水，濬孫家坡，開新河七十餘里，導使南行……七年又起河南胙城，經滑、長垣、東明、曹、單諸縣，下盡徐州，作長隄亙三百六十里，卽今太行隄也，而漕道復通。

於此吾人所應注意者，卽明代凡治河者，必兼顧漕運，蓋以明都燕京，漕運則惟黃運二河是賴。以是明人治河，半爲漕運。故嘉靖七年，刑部尚書胡世寧上言：「運河之塞，河流致之，故今治河，當因故道而分其勢也。」由此可知治河之方策，受漕運之影響極大。

神宗萬歷六年，潘季馴氏倡「以隄束水以水攻沙」之議，一改疏、濬、塞並行之說，開明清治河之新途徑。潘氏對於治河，研究之精深，爲歷代最。茲摘錄其言以供探討：

「然河非可以人力導也，欲顧其性，先懼其溢。惟當繕固隄防，使無旁決，水入地益深，沙隨水去，則治防卽導河也。」實發古人所未言，與賈讓之廢隄，宋元人之主疏者大相徑庭，然亦自有其真理在也。

潘氏主張塞旁決，以挽正河，理亦至精，其言曰：「竊惟河水旁決，則正流自微，水勢既微，則沙淤自積；民生昏墊，運道梗阻，皆由此也。」又曰：「隄以防決，隄弗築則決不已；故隄欲堅，堅則可守，而水不能攻。隄欲遠，遠則有容，而水不能溢。……又必繹賈讓不與水爭地之旨，倣河南遠隄之制，除豐、沛太行原址，遙遠者仍舊加幫外，徐沛一帶舊隄，查有迫近去處，量行展築月隄，仍於兩岸相度地形，最窪易以奪河者，另築遙隄。……」

潘氏之旨，在固定河槽，不使分流，漫散，其法則以隄防；其論改道之由，深中宋元人之弊。或有問於潘曰：「河既隄矣，可保不復決乎？復決可無患乎？」潘應之曰：「縱決亦何害哉！蓋河之奪也，非以一決即能奪之，決而不治，正河之流日緩，則沙日高，決日多，河始奪耳。今之治者，偶見一決，鑿者便欲棄故覓新，懦者輒自委之天數，議論紛起，年復一年，幾時而不至奪河哉！今有遙隄以障有狂，有減水壩以殺其怒，必不至如往時多決，縱使偶有一決，水退復塞，還槽循軌，可以日計，何患哉?!」

潘氏既主隄防，故所定防守之法亦綦詳。如四防二守之制是。四防者：晝防、夜防、風防及雨防也。二守者：官守及民守也。

明朝之論隄防者頗不一。如劉天和言築隄宜遠不宜近：「歷觀宋元迄今，隄防形址斷續，橫斜曲直，殊可駭笑；蓋皆臨河爲隄，河既改，而堤卽壞爾。已擇屬吏之良者，上自河南之原武，下迄曹、單、沛上，於河北岸七八百里間，擇諸隄去河遠且大者，及去河稍遠者各一道，內缺者補完，薄者幫厚，低者增高，斷絕者連接創築，務俾七八里間，均有堅厚大堤二重。……」

萬恭言八埽四隄：「有八埽：曰靠山，曰箱邊，曰牛尾，曰魚鱗，曰龍口，曰土牛，曰截河，曰逼水。有四隄：曰遙，曰偪，曰曲，曰直。……今治水者，多重遙直，而輕偪曲。不知遙者利於守隄，而不利於深河，偪者利於深河，而不利於守隄；曲者多費而束河便，直者省費而束河則不便。故太遙則水漫流，而河身必墊，太直則水溢洲，而河身必淤。四者之用，有權存焉，變而通之，存乎人也。」其理至爲精切，惟冲激曲直之理，現代雖正作更深切之研究，尙未得有較完善之結論也。

隄防頗爲明代治河之中心問題。潘氏既主張以隄防固定河槽，則何者爲適宜河道，又起各家之爭執。潘氏又主張復故道，反對開新河。其言曰：「沙固易停，亦易刷，卽一河之中，溜處則深，緩處則淺。水合沙刷，必無俱墊之理，此淺彼深，亦無防運之事。……藉今因此而欲棄故道，別鑿新河，無論其無所也，卽得更宜之地，而鑿之人力，能使闊百丈，以至二百丈，深二丈至三四丈，如故河乎？卽使能之，將置黃河於何地乎？如不可置，則行之數年，新者舊矣，河何擇於新舊？……」

六　清

清朝承明之策略，仍重隄防。故其言論，多爲防隄護岸之方法。靳輔論守險之方：「守險之法有三：一曰埽，二曰逼水壩，三曰引河。三者之用各有其宜。當風抵溜，其埽必柳七而草三，何也？柳多則重而入底，然無草則又疏而漏，故必骨以柳而肉以草也。禦冰之埽必丁頭而勿橫，何也？冰堅鋒利，橫下埽則小擦而縻，大磕必折也。然埽灣之處，則丁頭埽又兜溜而易沖，必用順埽魚鱗櫛比而下之，然後可以擋溜而固隄。至十分危急，搜根刷底，上提而下坐，埽不能禦，則急於上流築逼水壩，回其溜而注之對岸。或一二三道，若止一道，恐河流悍烈，壩一摧，而隄卽不可救也。若開引河，則其費甚鉅，又必酌地形而爲之，若正河之身迤而曲如弓之背，引河之身正而直，如弓之弦，則河流自必舍弓背而趨弓弦，險可立平。若曲折遠近，不甚相懸，河雖開無益也。諸如此者，殆如禦侮然，埽之用是固其城垣也，壩之用，捍之於郊外者也，引河之用，援師至近營而延敵者也。」

又靳氏論修堤之法，大略有五：一則加高隄堰，以禦漫溢；一則多用椿埽，以抵風浪；一則巡查罅隙，以杜潰決；一則堅修減壩，以資宣洩；一則緊守險汛，以防奪河。

劉成忠議防險之策「自來防險之法有四：一曰埽，二曰壩，三曰引河，四曰重隄。四者之中，重隄爲最費，而效最大，引河之效，亞於重隄，然有不能成立之時，又有甫成旋廢之患，故古人愼言之。壩之費比重隄引河爲省，而其用則廣：以之挑溜，則與引河同；以之護岸，則與重隄同；一事而二美具焉者也。埽能禦變於倉卒，而費又省，故防險以埽爲首；然不能經久，又有引溜生工之大害；就一時言，則費似省，合數歲言，則費極奢矣。……古人之防險，於建壩、鑲埽、加隄之外，先之以引河；今引河不用，易以守灘，其餘三事，悉如其舊，亦猶是由遠而近之義也。謹條其說如左：

「一曰外灘宜守也。黃河之性，喜曲惡直。曲而向北，則南岸生灘而北險；曲而向南，則北岸生灘而南險。是以防河之法，但防險工，其有灘以外蔽者，毋庸防也。然河流善徙，數年中必一變，伏秋之時，則一日中且數變，其變而生險也，必自塌灘始，灘盡而薄隄，薄隄而險必出矣。河工之例，有守隄而無守灘；每當大溜之逼注，一日或塌灘數丈，甚至數十丈，司河事者相與瞠目束手，而無如之何，惟坐待其逼隄，然後鑲埽而已。至未雨之綢繆，固有所不暇及也。夫灘者，隄之藩籬也。……治河方略云：搶救頂衝之法，於外灘地面離隄三四十丈，飛掘丈許深槽，捲下釘埽，是守灘之一證也。……」

「一曰蓋壩宜建也。挑溜固隄之方，莫善於壩，壩者水中之斷隄耳，而其爲用，則有倍蓰於隄者。隄能禦水不能挑水，且所禦者爲平漫之水，鑲之以埽，護之以磚石，然後能禦有溜之水；然止於禦之而已，終不能移其溜而使之遠去也。壩之爲制，斜插大溜之中，溜爲壩阻，轉而向外，既能使壩前之隄無溜，又能使壩下之隄無溜。十丈之壩，能蓋二十丈之隄，因而重之，以次而長，二壩長於頭壩，三壩長於二壩，壩至三道之多，大溜爲其所挑，變直下爲斜射，已成熟徑，終不能半途而自返，非獨六七十丈之內無溜，即二三百丈之內亦無溜矣。」

「一曰埽制宜更也。河工之用埽，自漢已然。潘印川、靳文襄公之治河，凡險要之地，皆恃埽以守禦，未嘗以埽爲引溜生工也，亦未嘗棄埽而拋磚石也。自用柳改用稭，而古法於是一變。自橫埽盡爲直埽，而古法於是又一變。自是以來，愈變愈下，直至今日，而埽遂爲利少害多之物矣。」

「一曰重隄宜築也。自明潘季馴治河，即有縷隄遙隄之制。河防一覽所載河圖，自滎澤、武陟以至雲梯關，未有不兩隄者。又兼築月隄、格隄於中，略如今之圈埝，靳文襄公因之。」

夫埽壩及重隄，昔已用之，而壩則未能盛行。其守灘之策，實爲治河之新發明。蓋以潘季馴雖主以隄束水之議，然隄實難臨河，雖縷隄之內，亦必有灘，如灘不能守，則險工變遷不定，冲積刷澱日異，雖欲河槽之固定，亦不可能也。設中水時，水行槽內，洪水則漫灘而流，如灘不能保，則中水槽或因洪流之冲刷而更改，則所作之護岸工作既屬無用，而束水之效能亦減。歐美各國沿河皆有護岸之法，我國則僅用以防險。護岸者，與守灘之意相同，如能於灘上防守之，則無灘盡薄隄之險矣。故守灘之議，極爲方策之進步者。

壩則近已用之矣，然未盡其善也。

總之有清一代，皆遵潘季馴遺教，靳輔奉之尤謹。及其後也，雖漸覺僅有隄防，不足以治河，但無敢持疑意者，卽減壩分導之法，亦未能實行，不得已而專趨防險之一途。故「河防」之名辭，尤盛於清朝也。

七　現代

自海禁開，而科學東漸，關於治河意見，來自客卿之供獻者有之，我國研究科學而自得者有之，服務河干多年，而根據經驗著爲論説者亦有之。惟是極爲繁雜，或則相合，或則相反，且或對舊者懷疑，或對新者蔑視，宛如寒流與暖流相遇，發生瀰天大霧，議論紛紜，莫衷一是。是故欲盡舉之以表現代之治河策略，實不可能，蓋以多係探討之意見以供採擇之性質，尚未能以策略名之也。無已，姑略述現代治河之趨勢，以供參考。

（一）搜集治河之資料也：我國治河理論之發明，雖極完備；然以缺乏科學之研究，不免多偏於空洞。例如潘季馴氏既主張「以隄束水，以水攻沙」矣，而又謂「隄欲遠，遠則有容，而水不能溢。」其所以猶豫於隄距之選擇者；蓋由於所有之資料，不足以確定之也。故主張用遙隄及縷隄以救濟之；其言曰：「縷隄卽近河濱，束水太急，怒濤湍溜，必至傷隄。遙隄離河頗遠，或一里餘，或二三里，伏秋暴漲之時，難保水不至隄。然出岸之水必淺，既遠且淺，其勢必緩，緩則隄自易保也。」今既覺賈讓不與水爭地之策，不合實用，又感過去之隄防不甚得法；然欲定確切之計劃，又非有真實之依據不可。例如一年內之流量變化如何，數年內之比較如何，河床之淤墊變化如何，降坡及切面之變化如何，各地之隄距及河槽寬度如何，隄之切面及頂高變化如何，……一時皆難得確切之答案。以故數十年來，多努力於資料之搜求，以供解決各問題之依據，李儀祉先生所以主張「求知」，即此之謂也。

（二）致力研究與試驗也：水工試驗，爲世界各國新近之治河供獻，實因以千百萬元之工程，與其貿然實施而無效，何若先作小規模之試驗，以免金錢之虛擲。況試驗工作，實足以輔理論之不足。例如宋人六塔河，二股河之爭，縷隄遙隄之功效能力，皆可先之以試驗，以爲工作之指導。美國費禮門氏（J. R. Freeman），則建議以「嘗試」之法，研究治導河道之方策，及適宜於黃河挑水壩之形狀，再自試驗室所得之效果，即於河道上以實際之建設試驗之，以爲改良之張本，逐步爲之。方修斯（O. Franzius）謂治河宜先試驗，其法有二：一爲試驗於宏大之試驗場，爲明瞭觀察其所含泥沙情形計，須有充分之水量；二爲按天然河流試驗之。是知如資料充足，試驗完備，則兩宋之爭執，及潘氏之疑難，皆可迎刃而解矣。

（三）上下游應兼顧也：我國治河多側重孟津以下，蓋以遷徙漫決，皆在下游之平原也。然夷考河病之源，大抵皆來自上游；誠以上游支水，每成扇形，沖刷泥沙，順流而下，及抵下游，始有淤墊漫決之患。故僅治下游，不過爲補苴罅漏之謀，絕非正本清源之計也。李儀祉先生首創治河宜注重上游之說；其言曰：「導治黃河，在下游無良策，數十年以來，但注重下游，而漠視上游，毫無結果，故懲前毖後，深望研究黃河者，知所取擇也。」故治下游所以防患，治上游所以清源；能於上游減少泥沙之沖刷，則下游自無淤澱之病，而泥沙之問題即得以解決矣。能於上游攔阻洪水，而下游增固隄防，則漫溢衝決之患自免矣。

（四）固定河槽也：河槽不固定，則河終不可治。而與河槽有連帶關係者，又有隄距及護岸等問題。關於固定河槽之方法，及隄距之討論，亦頗不一，更有就單式河槽，或複式河槽加以論贊者，現正在研究之中，姑且不加討論；惟對於河槽之應使固定，乃一致之主張也。竊以劉成忠所議之護灘，實爲固定河槽至要之方策。我國只有隄防，而少護灘之工作（護岸之名辭，可以包括護隄及護灘。）今後之所應研究者，殆爲護岸之方法，河槽之切面大小及形狀，與夫河身曲直之路線諸問題耳。

今之統籌治河者，爲黃河水利委員會，茲附其工作綱要八條，亦可示現代治河之一斑也。

黃河水利委員會工作綱要 民國二十二年九月

（一）測量工作

（甲）地形河道測量

測量爲應用科學方法治河之第一步工作，蓋以設計之資料，多是賴也。然黄河各段之情形不同，故所需測量之詳略亦異。例如鞏縣以下，河患特甚，測量宜詳；鞏縣至韓城次之；韓城至托克托則在山峽之間，又次之；托克托至石嘴子較爲平坦，有灌溉航運之利，宜較詳；石嘴子以上則次之。

鞏縣至河口一段，長約八百五十公里，兩隄間之距離，有爲十五公里，有爲四公里，今估計測量之寬度爲三十公里，測定河床形狀及兩岸地形，繪至五千分之一至萬分之一地形圖，若組織四大隊測量，約三年可以竣事。鞏縣至韓城一段，長約四百公里，測繪萬分之一地形圖。韓城至托克托一段，長六百公里，亦測繪萬分之一至兩萬分之一地形圖。於山峽處測量區域可窄，於欲修築工程處如閘壩等，則測量較詳；約二大隊二年可竣。托克托至石嘴子一段，長亦約六百公里，亦測繪萬分之一地形圖，二隊約二年可竣。石嘴子以上，則暫作河道縱斷面及切面測量，一隊約二年可竣。黄河上游之地形及河口之狀況，概以飛機測之。如是則組織五大隊測量，五年內即可竣事。

（乙）水文測量

水文測量包含流速，流量，水位，含沙量，雨量，蒸發量，風向，及其他關於氣候之記載事項。

其應設水文站之地點如下：皋蘭，寧夏，五原，河曲，龍門，潼關，孟津，鞏縣，開封，鄄城，壽張，濼口，齊東，利津，河口，及湟水之西寧，洮水之狄道，汾水之河津，渭水之華陰，洛水之鞏縣，沁水之武陟。其應設水標站之地點如下：貴德，托克托，葭縣，陝縣，鄭縣，東明，蒲臺，汾水之汾陽，渭水之咸陽，洛水之洛寧，沁水之陽武，並令各河務局沿途各段設水標站。

於河源，皋蘭，寧夏，河曲，潼關，開封，濼口，各設氣候站，測量氣溫，氣壓，溼度，風向，雨量，蒸發量等，並令本支各河流域之各縣建設局設立雨量站。

（二）研究設計工作

治河之事，環境複雜，其受天然之影響亦至巨，故必有充分之研究，方可作設計之依據。河床之變遷，河道沖刷之能力，沈澱之情形等測驗，流量係數之測定，泥土試驗，材料試驗，模型試驗等工作。舉凡一切工程於實施之先，必有充分之探討，對於採得之資料，必有深切之研究。

於開封，濟南各擇一段河身作天然試驗。又擇適當地址，設模型水工試驗場一所，以輔助之。

三年之後，上項之測量與研究工作，大半完足；卽可根據以計劃治導之方案，以便工作之實施。舉凡本河之根本治導工作，卽可以第五年起實施，次第進行。

（三）河防工作

黃河之變遷潰決，多在下游，故於根本治導方法實施之前，對於河之現狀，必竭力維持之，防守之，免生潰決之患。欲各河務局之工作，與將來計劃不衝突，及其防護合理起見，冀魯豫三省河務局統歸本會指導監督。本會並常派員視察指導，改良其工作，舉凡埽壩磚石之應用，增鑲新修之工程，皆應努力爲之。查我國治河有四千年之歷史，其成績與方法，殊可欽仰。惟防決之法，似有改進之必要，對於汛員兵弁，宜加以訓練，俾得明瞭新法之運用，同時並訓練新工人，以作遞補之用。

（四）實施根本治導工作

按照上項計劃，約四年之後，卽可實施治導之工作；其項目如下：

（甲）刷深下游河槽　換言之，卽對於下游河道橫切面加以整理，河口加以疏濬。河水含沙過多，爲黃河之一大問題，欲河槽不淤墊，則流速與切面必有合理之規定，如是則河槽刷深，水由地中行矣。其法或用束堤，或用丁壩，因地制宜。

（乙）修正河道路線　河道過曲，爲下游病症之一，故應裁直之處甚多。惟同時亦應顧及現有之事實相勢估計，規定之後，於何處應裁直，何處宜改弧，亦當次第興辦也。

（丙）設置滾水壩　於內隄之適當地點，設滾水壩，俾洪水暴漲時，可以漫流而過，流入內隄外隄之間，卽可免沖決之患；且可淤高兩隄間之地，以固地形。惟必加以測驗，審愼處置，以免河水因疏而分，因分而弱，因弱而淤河床。

（丁）設置谷坊　山谷間之設坊橫堵，旣可節洪流，且可澱淤沙，平邱壑，應相度本支各流地形，以小者指導人民設置之，大者官力爲之。

（戊）發展水力　沿河可發展水利之地甚多，宜利用之，而以測量壺口爲第一事。

（己）開闢航運　黃河上下游必整理之，俾便航行。凡比降過大，或礁石隔阻之處，可設閘以升降之，或炸除其障礙。

（庚）減除泥沙　於泥沙入河之後，應使之攜澱於海。然爲治本淸源計，以能減少其來源爲上。其法爲嚴防兩岸之沖塌，及另選避沙新道；再則爲培植森林，平治階田，開抉溝洫（參見第六第七節）。

（辛）防禦潰決　於各項新工程實施之後，則水由地中行，水患自可逐漸減除，惟仍宜竭力防護之。

以上工作有須待四年之後起首者，有隨時可以興辦者，期十年小成，三十年大成。

（五）整理支流工作

支流之整理與幹流本爲一體，惟各支流之情形不同，則治導之方法與利用，自當因地制宜。例如渭水航行及灌溉之利，與其含沙量，是當特殊注意者，其他若汾、洛、沁等支流，亦皆應加整理，以清其源也。

（六）植林工作

森林既可減少土壤之沖刷，且可裕埽料，防泛濫，故沿河大隄內外及河灘山坡等地，皆宜培植森林。造林貴乎普及，非一機關或少數人所能爲力者，故必與地方政府及人民合作之，嚴定賞罰條例。

（七）墾地工作

墾地工作，一則有利河道，再則增加生產，實屬有益，兹分述之：

（甲）恢復溝洫　治水之法，有設谷閘以節水者；然水庫善淤，若分散之爲溝洫，則不啻億千小水庫，可以容水，可以留淤，淤經漯取，可以糞田；利農兼之利水。惟西北階田，必須以政府之力督令人民平治整齊，再加溝洫，方爲有效。

（乙）整理河口三角洲　河口三角洲淤田三百萬畝，且河遷移不定，水難暢行，棄富源於地，亦殊可惜。應卽着手整理，則工程農田，兩收其利。

（丙）整理河灘荒地　沿河兩岸荒地甚多，或由於河道之變遷，或由於兩岸之淤高，多爲未墾之地。如豫省之沿河兩岸，及陝西韓、郃、朝、華一帶是。

（丁）鹼地放淤　沿河鹼地，多爲不毛，每畝價格極低，卽以山東而論，已有近十萬頃之數，其他若河南河北兩省沿岸亦甚夥，若能整理，則荒田變佳壤，其利甚溥。

（戊）河套墾地　河套一帶未墾之地尚多，宜墾殖之。

（己）灌漑田畝　黄河上游及各支流，宜施行灌漑工作；況上游雨量缺乏，尤宜行之。惟在下游頗有考慮之必要，蓋以鞏縣而下，支流無幾，若引多量之水以資漑田，則所取者多爲水面及河邊之水，而含沙量必較少；因之河水之含沙量之百分數必增加。是故下段灌漑，應於河道切面設計時，加以考慮。

（八）整理材料工作

我族沿黄河而東開拓華夏，其與黄河之關係尤爲密切；而黄河又具其難治之特性，泛濫變遷，時有所聞，故益爲人類所重視。是故史册所載，私家著述，汗牛充棟，極爲豐富。今者各實業家及水利機關，或派員視察，或施行測繪，研究者亦不乏人。惟以分地保存，散失不完，若不早日搜集而整理之，則恐年久無存，且昔人之經營，可作今日之借鏡，是以應將各種材料搜集整理之也。

八　結論

慨自大禹告厥成功，至今垂四千年矣！無時不以治河爲要政；實以我國文化財富之所繫，不容或忽也。試讀尚書禹貢，歷代之溝洫志，河渠志，及其他史集，暨私家著述，則知古今之防河如防敵，稍縱卽有滅頂淪胥之禍；故設水官，籌國帑，幾竭全力以事河。而歷代治河策略之研討，亦至詳且盡也。

大禹治水，自積石以至於海，其詳不可考，而後世第以下游爲目標，故只論「禹道」與「九河，」其他則不知也。迨至西漢，知禹道之不可復，九河之難實現，賈讓乃師其意而主不與水爭地之說，延年則根本欲改河之道，旁引之以嫁禍匈奴。及至宋朝，河槽既淤，河道亦紊，乃競建分疏之議，又不貫澈其旨。元之賈魯則主疏、濬、塞三法。所謂「塞」者卽「抑河之暴因而扼之」也。蓋自鯀築堤以障帝都，而功弗成，後之人鮮有敢言築隄以障水者；賈魯之主塞，亦鑒於宋河之紊亂也。及至明潘季馴則主塞旁決以挽正河，以隄束水，以水攻沙，一變元以前治河之策，常爲時論所攻駁。故潘氏爲之辯曰：「禹貢云：『九澤既陂，四海會同。』傳曰：『九州之澤，已有陂障，而無決潰，四海之水，無不會同，而各有所歸。』則禹之導水，何嘗不以隄哉？」於此可見欲其政策之施行，亦必以禹爲根據而後可也。殊不知潘氏之議，乃承宋元之後，不得不以隄耳。清則因之。及至今世，治河方策，又正在極大演變之中矣。

簡言之，鯀以隄而失敗，後則取放任之策，迨河道紊亂而不可收拾，於是乃採隄制；漸至防無可防，而有今日諸說。前代之策略爲分之如下：

一　九河說（此非禹策，惟後人强以此爲禹策耳；）
二　不與水爭地說（賈讓；）
三　旁引說（延年；）
四　分疏說（兩宋；）
五　疏、濬、塞三法說（賈魯；）
六　以隄束水說（潘季馴。）

今日治河之趨勢，已如上所述，將來所取之策略，尙難預計。要之，治河之法，隨時代爲轉移，與文化以俱進；斷難立一法以垂永久。同一法也，昔人行之有效者，今人或未必以爲滿足；非法之變也，實以時代與文化不同，治河之法，亦必有所改進也。黄河爲患若是之烈，動輒千百萬之損失，故歷代河臣，不敢輕言變法，皆遵古制，蓋有由也。然今者科學進步，機械精良，其治導之策，當更可開一新紀元也。

（民國二十三年九月）

二 黄河答客問

近者每與友人相遇，莫不亟亟以黄河問題相詢；更或以治河策略修函賜教。實以黄河之患，久已震動人心，婦孺村民，尤爲談虎色變；故一般人士慮患之念深，而不禁求治之心切，輒用抒其所見，以供研討，此固河務當局所欣祝者也。惜其所取策略，每多囿於歷史之觀念，或於載籍之中，斷章取義，奉爲治河長策。此等學説頗爲普通關心河務者所贊同，而尤爲一般民衆所易信。實則其説偏重主觀，過拘成見，而缺乏事實之根據，不足以解决黄河之問題也。爰就鄙見所及，擬爲答問，略以釋疑，藉供商討。非敢謂是也。

一 黄河下游應否倣播九河之法

客曰：「自大禹治平水土，經歷數千年，愈演愈烈，迄無正當辦法，憂心如結。莫可如何，何大禹成功於前，竟無人繼起於後？果神功耶？非人爲耶？揆諸事理，終有所疑。乃讀尙書禹貢篇載『九河既道』句，方知必須切實研究。既道者盡順其道也。今日如有九河，卽不皆既道，其災斷不至如是之甚。又禹貢……『又播爲九河，同爲逆河，入於海。』河患癥結在入海之處，淤墊八河，僅存利津一河，以數千里奔騰下注之水，卽九河尙恐不能容納，則一河入海，遲滯難行，所以晉、豫、冀、魯沿河流域各縣一遇霪霖，人民之淹沒，物產之損失，輒至數百千萬萬元之鉅，觀之下淚，言之痛心，每自恨讀書茫昧，不求其本，何由致用，皓首窮經，究不足經邦濟世。」

答曰：按諸尙書，考之載籍，大禹治河之功，誠豐矣偉矣！而其成功之原因，是否只在播爲九河，殊堪値得探討也。我華夏民族，沿河東來，初則逐水草而居；比及軒轅，始略定疆域；夏禹之時，其文物之中心，仍在晉豫之交，而濱海一帶，猶爲東夷負

戈之人所雜居也。顧頡剛氏論古史中地域之擴張(禹貢半月刊一卷二期)有云:

「夏代的歷史,我們固然得不到實物作證據,但就書本上的材料看來,那時的國都有說陽翟的,有說陽城的,又有說帝丘的,晉陽的,安邑的,反正離不了現在河南省的北部,和山西省的南部,帶着一點兒河北省的南端。因此,史記吳越列傳裏說:『夏之民,左江濟,右太華,伊闕在其南,羊腸在其北。』這個疆域不過佔了黃河下游一段地方。他們的敵國和『與國,』如窮、寒、鬲、仍、斟灌、斟尋等等都在山東省,又可知那時與夏朝交通的只有濟水流域爲繁密。」

近之史家,甚或以謂禹之治水不出蒲、解之間者,如錢穆之周初地理考(燕京學報十期):

「……蓋蒲解之地,東西北三面俱高,惟南最下,河水環帶。自蒲、潼以下,迄於陝津,砥柱,上有迅湍,下有激流,回瀾橫濤,既足爲患;而涑水驟悍,狂憤積鬱,無可容淤，山洪怒鼓，河溜肆蕩，蒲解之民實受其害。唐虞正在其地，所謂鴻水之患，其迫在斯也。」

錢氏推測之說，是否確切，姑且勿論，大禹治水，必以晉豫之交爲重要區域，敢斷言也。於此吾人可知所謂「播爲九河」者，乃順當時自然之情勢，以導引之耳，非以人工另闢九河也。然以現時之情勢論，播爲九河是否合理，實屬疑問。例如今河至利津以後，其入海之道凡五，每當大水之時，巨流縱橫，彌漫無際，吾人若爲臨時救濟起見，如僅將各流疏浚之，是否卽爲根本之圖，實有待於研究。故吾謂「播爲九河」者，非大禹成功之惟一方法，乃順自然之勢耳。且當是時自大陸以下，既非生產之中心，文化之會萃，應否加以澈底之治理，亦一問題也。

更就理論言之，黃河下游宜合不宜分。蓋以如河之泥沙量不能設法減少，水分必沙停，沙停則河淤，河淤則道改。今日利津以下之現象，大可爲孟津以下分流之縮影。利津以下既不可分水以治之，而謂孟津以下宜之乎？此不可不特別注意潘季馴云：『黃河之濁，固不可分，然伏秋之間，淫潦相仍，勢必暴漲，兩岸爲隄所固，不能洩，則奔潰之患，有所不免。』蓋潘氏已感覺下游不可分之情勢，與夫量大之爲患，必另設法以治之矣。

要之，分水之法，非絕對不可施行也。如以下游河槽之大小，河底之坡度，不足以適應絕大洪水之用，此時宜用分水之法，可建滾水壩，俾水位達一定高度，引流他注，使河槽本身，既免淤墊之病，過量洪水，又有排洩之地。然此分水治河之法，究與「播爲九河」之說，意義不同。滾水壩之法，原則雖可施行，惟其方法，地點，及數量等，亦必於研究，測勘，詳細考核後，方可行之而無弊也。總此以觀，播爲九河，是否宜於今日，是否合乎科學，可不待辨而明矣。

然則大禹治水千年無患者，斷不能依今日之觀點，與不完之記載，懸測古代之河道，而定其爲必然也。孟津而下，黃壤大平原，皆爲沖積而成，其由來之年月，已不可計矣。惟在遠古之時，黃河行經此處，既無山巒之障，其必任意漫流，迨屬無疑；且當有夏之時，山東河北一帶，尙非文化中心之區，其歷史之記載，必不詳盡，如是則史册未載之水患，尙不知凡幾也。且吾國史書，記載河患，每因其大小，爲記載詳略之標準，水患之大小，又往往以損失之巨細爲衡，損失之鉅細，更以人煙之稀密與生產之情形而異；若在洪荒之世，榛榛莽莽，雖汪洋千里，初無絲毫損失之可言，及夫近代，人煙稠密，村舍櫛比，一縣被水，則損失無慮數千萬計。如同一濮陽也，其在二十二年大水中，則損失達二千萬元；若在數世紀或十數世紀以前，其損失必寥寥無幾矣。故歷年治河，縱能日有進步，而一有河患，其損失之記載，仍不能少減者，良以財產之價值日高，需要之保護日切，而水災之記載亦日益詳耳。由是觀之，根據今日之觀點，與不完之記載，而謂大禹治河千年無患者，乃或能之事也。

二 齊人延年之法

客曰：「聞君之言，闢河分水之法似不可行，然愚見殊不若是，續爲君言之。設以涇、渭、汾、涤等水，分爲一河，黃河湟水等水另爲一河，改河南山東之路，避黃沙曠野之地；移黃河於長城之外，自晉北之東受降城相度地勢，導河東流，經洪濤山之北，過張北口之外，東赴熱河，南轉冀省以達渤海。……所有涇、渭、汾、涤等水，伊、洛、瀍、澗諸河，仍經黃河之舊道以便舟楫之交通，既無泥沙之淤積，又無暴烈之水勢，……則數千年之患永遠掃除，數百萬之民安享幸福。……」

答曰：此師齊人延年之故智也。延年上書有云：「可案圖書，觀地形，令水工準高下，開大河，上領出之胡中，東注之海，如此關東無水災，北邊不憂匈奴。……」多年前歐人地理學家，尚有推測黃河於河套灣曲處，自包頭以下，昔曾經向東流者，如蒲比雷（Pumpelly）君是也。但今日已有人謂此等學說不確，吾人姑且不論其在地理上，人事上，是否可能？第就減水患之原則論之，亦無補也。

黃河流域約七十三萬方公里，其在包頭以上者，約三十五萬方公里，約當全河之半。但上游發水，必七日始可達潼關。渭、涇諸河流域，凡十二萬方公里，若有暴風雨，則漲水一二日卽抵潼關。其他若汾、沁、伊、洛諸河相距甚近，受暴風雨之影響亦必速。茲就二十二年洪水之實例言之，八月十日晨二時，陝縣之流量估計之爲二萬二千六百秒公尺；其來自包頭以上者僅爲二千二百秒公尺（十分之一耳），其來自山陝谷中者二、三〇〇秒公尺，汾河者一、八〇〇秒公尺，渭河四、〇〇〇秒公尺，涇河一二、〇〇〇秒公尺，北洛河三〇〇秒公尺。於此可見設在該年包頭以上之水卽盡令東流，豈果能減少下游之水患乎？

今就沖刷之情形言之，黃河之大問題，因含泥沙過多，其重要性，不亞於洪流暴漲。試以二十二年論之，其在陝縣者，以重量計，約爲百分之三十九，而在民生渠口只百分之三耳。更就各方之觀察，泥沙之來自包頭以上者實不甚多；是就此言之，亦不能減少河患也。況此法在地理上，人事上，更有較大之困難，其不能實行，甚爲顯然。

三　隄防可廢乎

客又引田子之言曰：「古者有河無防，防之興，始於戰國。當時兩岸相距五十里，齊、趙、魏三國利河之地而爲田，易之以防，河始爲患。漢時文武之際，不能破除謬見；武帝且有宣房之築，太史公作河渠書。賈讓倡廢防議。王景治河，其法以河爲經，而渠爲緯。自宋以後始大倡防河之說。明之潘季馴，淸之靳輔，所謂治河名家，皆名其書曰河防。故古曰河渠，今曰河防也。經河之身，宜寬且深，雖不必如禹河之寬至五十里，視今之縷隄加半或倍之，遙隄則不必置之，非吾之量小於禹與讓，蓋枝渠甚多，自無壅遏之患。河之兩岸不置防，不如修飾，不加版築，新河所起之土，聽其平灑，人民得而耕之。自古河有三害，決、溢、徙三者互見；然徙之爲害，千百年不一二見，溢之害時有之，而不甚大，決之害則大且深，而不忍言。夫河何以決？生於防也。不觀夫暴水之際，有隄之地則決，無隄之地則淹。淹者溢也，禾苗受淹之地，其杪沒則死，其杪不沒，雖經二三日水退猶生。……北方渾濁之水，民用其水，復利其泥；漢之白渠歌曰田于何所，池陽谷口，鄭國在前，白渠在後，舉鍤爲雲，決渠爲雨，涇水一石，其泥數斗，且溉且糞，長我禾黍，衣食京師，億萬之口。余習見山西渾應山懷一帶之民，雨後導水過之，泥澄而田沃。是溢之爲害，害中有利；決之爲害，害中無利。有隄防則有歲修費，有搶險費；清代河工之費，不勝其重，河督所屬之官，驕奢淫逸，過於王侯；倘移此費以開渠而廢防，一勞可以永逸。……」

答曰：賈讓主徙民以避水，二千年來率多稱之。獨清靳輔謂此策不可行，其言曰：「但曰民可徙，四百萬之國儲，將安適乎？即欲徙民，吾不知將徙此數千百萬之民於何地也？且河流不常，使河東北入冀，吾徙冀州之民以避之，倘河更東而沖兖，南而徐而豫，吾亦將盡徙兖之民，徐豫之民而避之乎？」又曰：「讓之三策自爲西漢黎陽，東都，白馬間言，未嘗全爲治河之論。」靳氏之論頗爲切實，第尚未能着其後世雖皆知隄防非治河之完策，然捨此則他無良法，故隄防實佔治河之全部。明潘季馴且謂隄防古已有之，並非下策，其言曰：「昔白圭逆水之性，以鄰爲壑，是謂之障；若順水之性，隄以防溢，則謂之防，防之者，乃所以導之也。河水盛漲之時，無隄則必旁溢，旁溢則必泛濫而不循軌，豈能以海爲壑耶？故隄之者，欲其不溢而循軌以入於海也。」又曰：「禹貢云：『九澤既陂，四海會同。』傳曰：『九州之澤，已有陂障，而無決潰，四海之水，無不會同，而各有所歸。』則禹之導水，何嘗不以隄哉！」潘氏論隄之重要極爲精闢，足徵隄防不可盡廢，惜只有隄防，仍不足以治黃河也，況猶未能盡其利乎？

更就溢水淤田論之，若無隄防，當無由決，其理至顯，然溢之水患，恐尤甚於決也。既寬其身，則水流必緩，既無隄防，則水漲必溢。水緩則沙停，不數歲而所謂「河身者，」將與地平，而徙繼之矣。此不可行者一也。

溢水固可以放淤，而淤後之地必漸增高，水性趨下，難使行高，既無隄防，仍必他徙，是減決之禍，而增徙之憂，其不可行者二也。

又所以利其淤者，以便於種植也，若每年水溢，則房舍田廬將不保，又焉能得其利耶？此不可行者三也。

所謂「溢之害時有之，而不甚大」以仍有隄防也。若無隄防，則其害必「大且深矣。」再則河之身宜寬且深，純係理想之說。沖積之事，有關於切面之形狀，降坡之大小，流量及流速之數量者至巨，若棄而不言，僅就加寬加深方面着力；則寬足以緩流，緩足以致澱，而深亦不能生其效，是只收加寬河身之害也，何利之有？故西漢之時，雖可以徙民爲上策，及至今日，則不成其爲策矣！歷代反對此說者，雖不乏其人，然終由「徙民」之議，進而演爲「不與水爭地」之說，相沿千餘年，迄明潘季馴始有攻水之論；卒以世人歷史之觀念過深，至今猶不克鏟除此見，殊可惜也。

又「防」非惡意，「防河」亦非下策，蓋患生然後防之。若大河汎濫於渺無人煙之區，則不必防矣。所謂「易之以防，河始爲患者，」實倒因爲果耳。防爲患而設，患爲防之因，寧能以河之有患而加罪於「防」乎？譬夫國家備兵，所以禦侮，若兵備而侮至而曰侮因兵來，有是理乎？惟若純賴隄防爲治河之惟一方策，恐有不足耳。此乃二千年來爭議之所由起。故於「隄防」之外，當另設他法以輔之，使相並而進，以策萬全。若遽「廢隄防」則斷斷乎不可也。

四　河漕淤墊可否以機械刷之

客曰：「古人懼黃河淤塞，有用混江龍鐵掃帚之法者，至遜清兩江總督陶澍始奏請裁撤。查混江龍鐵掃帚之用法，係拖於船後……：將河底汚泥打起與水混合流入海中……」又曰：「製造挖泥船數隻，從海口溯流而上，分段挖之。挖泥之時，宜循河道避彎就直，可減衝溜刷隄之害，而增加水流之速度。每年挖泥時期，以三四五六等月，水溜淺時行之。挖出之泥沙，應載於隄岸低凹之處，傾出藉以培修隄岸，或雇用人夫，或以工代賑。」

答曰：黄河善淤，誠爲大患，若有避免淤積之策，殊可採用，然前述二法不能爲力也。蓋以黄河之大，及含沙之多，決非混江龍或挖泥船所能奏效者，若爲局部之整理或海口之疏浚，尚可以挖泥船爲之；如賴以解決全河淤澱之問題，實不可能也。

黄河下游，蜿延千有餘里，身寬千數百丈，若用混江龍爲一處之鼓盪，其影響能有幾何？勢必沖於此岸者淤於彼岸，刷於上游者，澱於下游；若於全河之中，皆置混江龍，不特事實所不能，抑且經濟所不許也。且黄河之淤，乃在溜緩之地，其溜既緩，雖鼓之盪之，必旋起旋滅，而收效亦殊微矣。

至於引用挖泥船之法，只可施之於局部，以謀通航之用耳。若欲借此將黄河之淤澱而盡挖出之，則似又未曾一考其事實也。查黄河之含沙量，沉澱於陝縣灤口之間者，每年約爲二九四、〇七四、〇〇〇公噸（參考作者著黃河之沖積）。若盡量挖而出之，輸至隄根，其費用當何如耶？

古之論疏浚者亦不乏人：如劉天和則反對宋人鐵龍爪明人滚江龍之法，而主用方舟以長柄鐵爬齊濬之；萬恭則謂方舟之法，亦不可用；其言曰：「上疏則下積，此深而彼淤，奈何以人力勝黃河哉！虞城生員獻策爲余言以人治河不若以河治河。夫河性急，借其性而役其力，則可淺可深，治在吾掌耳。」又曰：「其法爲如欲深北則南其隄，而北自深；如欲深南則北其隄，而南自深；如欲深中，則南北隄兩束之，衝中間焉，而中自深。此借其性，而役其力也，當萬倍之於人。」何其言之精闢也。

潘季馴亦謂挑不勝挑：「沙底深者六七丈，淺者三四丈，闊者一二里，隘者一百七八十丈。沙飽其中，不知其幾千萬斛，而以十里計之，不知用夫若干萬名，爲工若干月日，所挑之沙，不知安頓何處。……」萬潘二氏之言已明釋此等見解之謬誤矣，又何待諸深辯。

總之，黄河之冲積，實關係於治黄根本大計；如此問題不得解決，則其他工程礙難進行。是故上游必設法以減冲刷之勢，下游必整理以避淤澱之害，而此等工作，包括森林之培植，溝洫之恢復，谷閘之添設，灘岸之保護，河槽之整理，河身之修治。非僅以鼓盪挑挖而解決之也。

五　周官溝洫之法

客曰：「如君所云，河患如斯之劇，治河如斯之難，然則治河終無根本之法乎？」

答曰：「有，其惟恢復溝洫之制乎！」

客曰：「溝洫乃治田之法耳！何關河事？且廢除已久，又何得而恢復之耶？」

答曰：試爲君言之。世之論治河者多矣，然絶少扼要之言；明潘季馴以水攻沙之議，頗近似之，惟尤不如淸沈夢蘭主復溝洫之說爲切實也。蓋以前者可以治下游之淤澱，而後者則能淸泥沙之來源。若兩者相輔而行，則達於盡善盡美之境矣。黃河歷次之溢決遷徙，皆因淤積而流水不暢，爲其主因；至暴雨山洪，乃其次焉。是故治黃河之所以異於他河者，在於他河所有一切情形之外，尙須先着力於泥沙之減少也。蓋以泥沙問題若不解決，則於其他之治河方法進行，皆感困難。是欲治黃應先對其流域及其本身之沖積具有自由管束之能力，方足以言一切計劃方法之施行也，否則盡屬空談耳。

減少沖刷之方法不一：如培植森林雜草，以護地皮；建設谷坊，以停積淤，皆是也。然可供造林之地，究屬有限，而谷坊經時不久，卽被淤平。其法均莫善於恢復溝洫之制。沈夢蘭曰：「誠使五省舉行溝洫，河之漲流有所容，淤泥復有所渫；而其入海也，又可任其所之，不擇南東北三道，皆得暢流而無滯，如是而河猶爲患，未之有也。」

周禮：「匠人爲溝洫，耜廣五寸，二耜爲耦，一耦之代，廣尺深尺，謂之畎。田首倍之，廣二尺深二尺，謂之遂。九夫爲井，井間廣四尺，深四尺，謂之溝。方十里爲成，成間廣八尺，深八尺，謂之洫。方百里爲同，同間廣二尋，深二仞，謂之澮（按周尺等於營造尺六寸六分。）」按沈氏五省溝洫圖說之計算，以面積言，每畝只佔地四十七方尺，尚不及千分之八也，其影響於農田之效能，當屬極小，就溝洫之容量計，每畝爲一百二十四立方尺，換言之，卽可容二分（卽六公厘半）雨量。按逕流爲雨量三分之一計（此數因各種環境而不同，今以便於明瞭起見，姑假定之）則二公分之暴雨，可無流入河中之水矣，其防洪能力亦不爲小。此數概就古制而算，若溝洫增加，以佔地畝之面積百分取二計之，則五公分之雨水，可以盡容納於溝洫之中矣。

至對於灤淤之功用，施氏近思錄言之頗詳。摘錄如下：「以隄束水，水無旁分，淤泥亦無旁散，冬春水消，淤留沙墊，河身日高，地勢日下，加岸之外，更無別法，築垣居水，豈能久長?!如使淤泥散入澮洫，每畝歲挑三十尺，以糞田畝，則地方二十里，歲去淤土六百四十八萬尺，餘水注入中流，刷深河底。雖逢水消，仍得暢流……夫以五省之地，容五省之水，則水無弗容，以五省之人，治五省之水，則水無弗治。此古法所宜亟復哉!」

溝洫之制，爲灌溉乎，抑爲免患乎?沈氏之言又綦詳:「……職方豫、兗、幽、幷四州，或宜五種，或宜四種，或宜三種。禾黍性喜高燥，能耐旱乾，雨澤過多，反被渰損，故溝洫之開，所以除水害也。西北地多平原，霖潦無所容洩，大雨時行之候，一晝夜間，平地水高數尺。而畿輔如桑乾、滹沱、輒挾淶、易、濡、泡、沙、滋諸水，併流橫溢，河間文霸一帶，彌望汪洋，連年稽浸。昔人謂水聚之則害，散之則利，棄之則害，用之則利。所以東南多水而得水利，西北少水而反被水害也。溝洫一開，則水少而受之有所容，水多而分之有所泄，雨暘因天，蓄洩隨地，水害除而水利在其中矣。如爲灌溉而設，則溝洫之內，必如東南稻田，常常有水，然後可。而絕潢斷港，既無本源，土燥水渾，尤易涸渴。孟子云：「七八月之間雨集，溝澮皆盈，其涸也，可立而待也。」人見無裨灌溉，遂并溝洫廢之，而水患亟矣。」是主溝洫之非灌溉者明矣。然既有存積，卽可增加滲透，以潤禾稼，其效甚著。至若言溝洫以灌溉爲惟一之目的，似有未審也。

近世之倡恢復溝洫之制者，則爲李先生儀祉。然其論溝洫之體與用，又似由排水而轉變爲灌溉者。先生之言曰：「孔子說禹卑宮室而盡力乎溝洫，想不過是一種治田的方法。小者爲溝，大者爲洫，而主要皆在排水。因當時所苦的是洪水，並無灌溉。所以孟子曰：浚畎澮，都是一類的名辭。所以禹時的溝洫，不外乎排水溝渠。……周代畎遂以至洫澮，仍是治田之法。等是田間水道，不過有大小之別。溝洫不過總提二字以概其餘。他們的用處，據我推想，就不止是排水，而兼有蓄水的功能。爲什麼呢？周時重要的地方，不出乎雍、梁、冀、兗，如今山、陝、豫、魯一帶。這些地方大半地土高厚，雨水缺乏，又何須乎費許多工夫，去排水呢？要說爲溉灌呢？既未講明水的來源，又偌大地面，又那能到處引水呢？！所以我們可以斷定這些溝澮，不止爲排水，又不是爲引水而重要在蓄水。所蓄的水，那兒來的？自然是雨雪了。這個就是周代溝洫的體與用。」然溝洫既在雨水缺乏之區，其蓄水之目的固在於防洪者少，而在於潤田者多；惟潤田而外（以示與灌溉有別，）仍兼收防洪之效也。

李先生並就各種不同之地形，作溝洫之計劃（華北水利月刊第四卷第五期）實爲施行此制之南針。今更於陝西水利月刊發表蓄水一文，參照耕種情形，擬具計劃，尤便施行。

是故溝洫可以灤淤，可以蓄水。灤淤即能減少泥沙，兼能糞田；蓄水即能防止洪患，兼能潤地。減沙防洪，所以除下游之水患；糞田潤地，所以利上游之農事也。若無利於上游之民，則必不肯犧牲其田以開溝洫，而下游即不得收減沙防洪之利矣。（此處所謂上游者，兼指各指支流而言，非專指大河本身之上游也。）

然溝洫之制已廢二千年矣！而欲驟事恢復，決非短期所能爲功，大河之患豈容待其恢復而治乎？曰：否。此乃根本大計，自必假以時日，方能奏效。況此外尚須造森林、建谷坊、築水庫、浚河槽，以相輔而行乎。

六　水庫及河槽

客續問曰：「敢問築水庫及浚河槽之說。」

答曰：水庫乃防洪之一法，而特別適用於治黄者也。陸深續停驂錄云：「……後之明於河事者，亦有賈讓三策，賈魯三法。若余闕所謂『中原之地平曠夷衍，無洞庭、彭蠡以爲之匯，故河常横潰爲患。』斯言也，尤爲切要，似非諸家所及。……」其言良是。所惜者，昔日建築之術尚未昌明，而黄河又無天然之湖泊，故古今論及之者少。

美國密西西比河，自施行治理以來，二百年間，率以隄防爲惟一之方法，今已有採用蓄水庫之傾向矣。然茲所以提倡之者，决非望美效顰，實以黄河河流之情形，以水庫爲防洪之具，乃最有效之方法也。茲略述陝縣之流量變化以驗之。

去歲造成數十年未曾有之水災洪流。八月七日午間其在陝縣流量僅二千五百秒公尺，八日午刻已達六千秒公尺（卽過去數年每年洪流之普通數）當夜十時增至一萬二千，十日晨二時達最高峯，爲二萬三千，十四日午時又降爲六千之數矣。是其在六千秒公尺以上者僅六日耳。然是年之特大洪流，其爲期不能過長，亦屬意中事，蓋歷年洪流之來，莫不於短時期內，卽行降落，率如奇峯突崎，忽漲忽落，非若他河可綿延一月或二月之久也。民國八年最大流量爲六千九百四十秒公尺；其在三千秒公尺以上者，不及一月。自流量曲線圖觀之，卽在此最大流量之月內，亦宛似工業區之煙囱，高低林立，非普遍之增高也。如七月二十六日之流量爲三千六百秒公尺者，二十七日卽增至六千四百餘秒立尺，八月一日卽降至二千四百秒公尺，四日又增至五千七百餘秒公尺，六日又降爲二千四百餘秒公尺。可見其倏起倏落，若有蓄水庫，或攔洪水庫，以節其流，則於七月二十七日至陝縣之最大流量，可延緩之，分爲三五日流下，而洪流之高峯可減，下游水患可免矣。其他各年流量之情形，亦大致類此。

再就水文論之，水庫對於黃河之防洪，關係至爲切要。水庫可分蓄水及攔洪二種，其目的畧有不同；前者於蓄水而外，常兼有他種用途，如給水或發水電等，故於水之放出，必按照預定之計劃辦理。後者乃專爲防洪而用，其水門之設計，以不使流量超過下游河身所能容者爲限度，對於放水，則無須加以限制。至於各水庫之地點與設計，尤必於測勘及詳細研究而後，始能定之。

客曰：「河流之沖刷既如是之甚，縱有水庫，能無淤墊之虞乎？」

答曰：誠如君言，此固一極重大之問題也。按永定河官廳攔洪水庫之計劃，預計三十年可減少其容量三分之一。黃河各支流，如建水庫，或亦似之。然國家如以恢復溝洫之制，爲治黃政策之一，積極提倡，若公路然，五十年後，必有可觀。若斯當水庫失效之時，正溝洫致用之年，失彼補此，又何患焉？

至於下游河槽，紊亂極矣。其寬度之不適，路綫之曲屈，溜勢之日有變遷，河底之日見淤墊；既失整齊之功，遂無固定之形，此其致病之重大原因也。關於此點，中外專家極爲重視；古之論者亦頗多其人，如前述「九河」及「廢隄」等策皆是也。然無充分之測勘研究，治之之道，豈易言哉！現在下游工作，一面測量地形，及河道切面，並觀測水文，研究土質；一面又託德國恩格斯教授作模型試驗；更在中國第一水功試驗場試驗研究。吾人惟望合理之結論，早日實現，俾便參考研究也。

下游河槽之整理，其重要如是；至於各局部之河槽，有待隨時之整理者，爲治標計，亦不容稍緩也。

七　堵決宜用新法乎舊法乎

客曰：「我國堵決舊法，乃根據大河之情勢而演進者，料物人工，兩稱齊備，而必欲於流沙之底以打樁，其能不失敗乎？且水吃輭不吃勁，必欲易稭爲石，亦必愈促其沖刷也。」

答曰：「新法」「舊法」者，乃顯然代表兩派之名辭，自此名出，一切爭點由斯而生。考黄河第一次試用新法，爲民國十二年宫家壩之堵口，當時對於新法幾經爭執，終歸採用。其後每次堵口，皆有新舊法之爭，恆致意見紛歧，不能合作。實則法無所謂新舊，乃人心各懷成見於中耳。

所謂舊法者，言堵口之時，自兩方進佔，以至合龍；其料則稭、麻及土。所謂新法者，則先行下樁，繼而填料，自底而上，平鋪出水；其料則用樹枝、鐵絲、磚石。然進佔之法，歐西亦採行之，柳石等料，吾國久已用之，是皆爲堵決方法之一種，不得强以新舊名之也。至於二者究應採用何種爲宜，又須以當時之情勢與經濟之狀況以爲斷，不能預存成見而先定取捨也。交通困難之區，若必堅持以採用柳、石，固屬不可；而在適宜環境之中，必曰稭土勝於柳石，烏得謂宜？

若今年之長垣馮樓堵口，乃新舊方法合用者也。先自兩方進佔，以至合龍，料物則用磚、石、柳枝，然亦告成功矣。若必謂此項更張，有違向例，不願相助；又或以爲進佔之法有背水力學理，不應採行，此皆有「新」「舊」之見存於心也；有失工程之旨矣。要當以事論事，以求解決之法，而謀改進之道，不當固持成見，致有礙於工程之進行也。（前所舉例，僅欲說明此理，非謂其法卽盡善盡美也。）

是故遇有堵決，應本舊有之經驗，參以科學之方法，以爲解決之原則；更斟酌環境之情勢，與經濟之能力，以爲判斷之根據；斯則「新」「舊」之爭，庶乎可免。至云孰優孰劣，不能一概而論，何去何從，當以情形而殊也。

八　完成治導之時期

客曰：「黃河水利委員會工作綱要，述治河之工作，謂期以十年小成，三十年大成。吾人正感水患之亟，而盼其速成，如大旱之望雲霓，須臾不容緩也。若必待夫三十年之後，吾其魚矣，焉用治爲？且黃河關乎華北之文化，財富，又安可不急急謀之，而必遲以三十年耶？」

答曰：孟子曰「七年之病，必求三年之艾。」言病之深，其採用之藥料，必經相當之歲月，始有醫病之能力也。治河亦猶是也。自有史以來，黄河之患，不絶於書，而歷代治河名臣輩出，其經驗之豐富，思想之周密，任事之勤慎，今讀其書，令人猶讃嘆不置，然雖則如是，而黄河之患終未治也。良以病在膏肓，方藥難具，雖有名醫，卒無長策，故僅能維持生命於不絶，而不克奏藥到病除之效也。今日之治河，縱有科學之方法，新式之利器，如無科學之張本，長期之研究，而冒然設計，率爾從事，亦猶醫者對於久病之人，尚未察其病源，檢其身體，而遽欲施以醫藥，難乎其爲治矣！故病之深者斷難操切從事，況黄河爲病之深，歷時之久，又非此之所可比擬，其能舍斯理而不由乎？

卽以古今治河之方策而論，何止千百？然考其究竟，其可行之而無弊者有幾？若冒冒然擇一家之説，奉而行之，又何異於孤注之一擲耶？不寧惟是，卽欲用今日科學之方法治之，而無科學之張本以爲之據，亦恐事實之所不許也。

且也世之論治河者，多言原則，縱其原則可行，距實行尚不知費若干手續也。例如「束水攻沙」之策，頗可採用；然欲解此問題，則流量、速率、沖積、糙率、地形、切面等等，無一不需長時期之研究，若倉卒就事，則難免遺誤將來。再如上游之治理，亦不容忽，若培植森林，開挖溝洫，建築水庫，整理支流各節，莫不與下游之河道切面有關，倘不於設計之始，統盤籌劃，則恐治河之千萬金錢，終歸虛擲，豈僅遺欲速不達之譏而已哉！

是故今日治河，雖環境順利，人事無牽，猶恐三十年之期有不足也；責時間之過長者，殆未思此問題之內容與其繁難之程度耳。

然則大禹治水，千餘年無患，而王景治河，亦安然無事者數百年，今獨不克得數十年之安定乎？噫！時代不同，則治理之目標亦異，前曾言之矣。設在今日，而欲效先賢治河之方法，必難滿意；此非黃河之情形不同，實以人事生產日增，其需之保護日切，而保護之範圍亦日廣也。且鯀禹父子先後治河費時已二十餘年矣，亦非短日所可奏效也。

若然，則治理計劃尚未完成之前，將令人民安坐以待魚食乎？曰：是烏乎可！尚有防汛，搶護之工作以輔之也。千餘年來，中國治河，卽只此而已，皆未言及治導也。在治導計劃未竣以前，猶可繼此而行，以事救濟，非謂治導卽不顧防守，言本則不遑治標也。

要之今日之問題，尚非治導完成之時期問題，乃研究如何以達治導之目的耳！故所應努力者，爲搜集必要之張本，藉供研究、試驗、設計之用，而作成治導之具體方案，更當寬籌經費以利進行。舍此不務，而徒斤斤於時日遲早之計較，似未當也。然如能上下協力，舉國一致，俾治河大計使其早日完成，實不佞所馨香禱祝者也。（二十三年六月於開封）

三　論治黃

大公報二月二十四日載華北水利委員會第九次委員大會中，有李儀祉先生提議「導治黃河宜注重上游」一案，次日又載李先生「治黃研究意見」一文，指破數千年治河之弱點，詳示籌款之根本辦法，意至善也。因有感焉，爰就鄙見所及，聊供治河者參考。

關於過去黃河之治理，僅能防患於一時，未能貫澈以永久，故昔日之河務局曾以「河防局」名之。近日則防不勝防，千瘡百孔，顧此失彼。若不急以新法導治之，吾恐黃河之患，更有甚於今日也。近世科學昌明，河工大進，不得不急謀救濟之法。今者李先生所論「宜注重上游」實乃治河新法。若與昔日「專治下游」相對而言，殊能喚起民衆之特別注意；然若就治黃全體而論，只注重上游，又似未盡治黃之事。蓋以昔日雖注意於下游，實與未注意等耳。例如今年之爲險工者，明年必仍爲險工，今年之已決口者，明年仍有決口之望，（如李升屯、劉莊、黃莊、宮家壩等地是。）歷年所謂「治河工程者，」勿寧名之曰「搶險工程，」故其不治，與上游等耳。尤有甚者，下游不暢，則上游必決，中外之論皆同。黃河攜泥沙甚多，自黃河改道由利津入海以來，七八十年間，淤出新地近三百萬畝。山東前年曾有新設三縣之議，其工作之巨，殊堪驚人，口門河道，幾無一定之可言，一察黃河口門圖，則其亂如網，上游洪水暴漲，因口門不暢，水不得下行，則河身必積水甚多。水位逼高，坡度以減，故出險時聞。是故黃河之根本問題，雖在於沙，然現在下游不暢，又爲黃河致病之一點。決口即有改道之危險，歷年以來，事實俱在，就現狀言之，吾恐黃河之改道，隨時皆有實現之可能，豈不危哉？以上所云，不過略指下游之急待治理之一例而已，則其待治之急，更不減於上游也。黃河之不治，其原因甚多，工程知識未備，固其最大者；然亦不能以今日之眼光，責數十年前之河工人員也。惟社會之種種阻力，不可忽也。茲分述之。（一）畛域之見：治河猶脈絡也，一處不暢，則全體停滯，應統籌全局，斷不能節節爲之。然黃河下流，河南河北山東三省之河務局分別成立，各不相謀。即以冀魯之交而論，出險之次數最多，而其最大原因，厥爲口決河北，而患在山東。山東以職權所限，不克越界整理，河北以利害較輕，鮮能促起注意。雖兩省人民互有水利協會之組織，然款則極難籌劃，且人多有「各掃門前雪」之成見，只僅守本段，勿使出險而已。（二）治河人員之成見太深：即以黃河改道北來以後，河工人員積此六十餘年之經驗，其心得當有相當價值，可斷言也。然若自恃其長，不納異己之見，則爲阻止進行之魔障。雖有新知識之工程人員工作其間，亦不克展其所長。如黃河工程，關於打樁一事，純用舊法，若教以新式打法，並予以新式機器，則羣衆皆不之理，甚或以停工制之；再則故意將機器破壞，而稱不堪用，仍沿其數十年習用之法。又如「合龍」方法，對於舊法實有改良之必要。就山東黃河河務局潘萬玉先生之經驗言之，於彼所創之新法提出後，聞者無不駭然，其實乃根據科學原理，採取各國所通行者。於此法施行之日，職員工人相率不前，稍有失敗，則羣相詬病；若按舊法而失敗，則相率跪於「大王爺」之前。以此之故，新法鮮敢試用。（三）主管機關職權不定：近年以來，多知治河之重要，機關林立，然職權不定，殊難進行。例如前年華北水利委員會測量河南黃河一部，將至山東境，其時適值黃河水利委員會成立，令其停止測量。華北水利委員會本負有華北水利設計之責，採取張本，固所應當。況華北水委會情願於黃河水委會測量隊成立後，將所作成績完全移交，終不之允，立卽停止。然停止則停止矣，繼測則未之有也。昨又見報載華北水委會關於測量黃河上游事，與陝建廳商洽進行，甚願其不再受干涉而能實現也。黃河事業重大，固當有最高之機關辦理之，服衆之人才領袖之，如一有政治意味，殊於建設前途不利，然而黃河水委會至今尚未成立也。（四）職員之責任心輕：論者多謂河務爲發財機關，不特不欲其工程之永久，且惟恐其來年之不再決也，此言似屬過甚，有之亦或爲過去之陳迹，今日之廉明時代，其不能發現，可斷言也。然過去數十年來辦理河務者之責任心輕，不能不謂爲治河之阻礙也。（五）地方困窮財政無着：財政困難，已成爲全國皆然之現象，全賴政府，則撥款無期，終必成災。間或有倡義之區，聯合附近各縣，於危險之期，羣相會議，共籌款項，以資防禦。當時以生死關頭，皆熱心從事，某縣應撥攤款若干也，某縣應攤料若干也，悉無異詞。又以情形緊急，則舉領袖主辦之，預墊之，迨危期已過，對於前者之恐懼，已雨過天晴，不復記憶，再去籌款遞補墊支，則無相應者，以致主辦者自身負債，工人相隨，料販相伴，不得已則避之他鄉，於是對於地方辦公益事，多不敢前矣。是故仰諸政府，則庫空如洗，自治合作，又結果如是，此河之所以屢決口而無法以防禦之也。以上所云，乃其犖犖大者。欲治黃河則對諸阻力，不可不有以去之也。

據李先生云：「國府以治黃研究之責任，畀之建設委員會，併將撥英俄庚款一部份，以供其用。」如能實現，固屬國家之幸；然回顧過去，瞻望將來，必一洗過去之積弊，開治河之新紀元，或能有效於萬一也。然茲事體大，非短期間所可竣事，分步爲之，年有進展，人民之願已足矣。對於今後應注意之事項，鄙見如下：

（一）關於工程方面（甲）黄河概畧情形，雖有知之者，然對上游漠然，應派黄河察勘隊，起自河口，上至星宿，測簡單之河形，作詳細之調查，一隊人兩年之時間，二十萬元之費用，卽已足用；論者或謂此乃大略，不足供工程設計之用。誠然，蓋欲作詳細之測量，決非最短期間所可完竣者，如能作此一次察勘，卽可定治理大概方針也。（乙）繼續華北水委會之測量。（丙）早日實現水工試驗之設立。（丁）訓練舊有員工，河工既必每年護養，治理爲連續之工作，斷不能棄舊法於不用，然須逐漸改進；對舊有員工，若能加以訓練，俾其明瞭，對新法之施行，必獲良好結果。（戊）新法之試辦，隄防爲治河之一法，我國行之已久，卽有治本之法，此法亦不可廢。故對於護岸工程之改良，（今日所用者多爲稭埽）決口之防禦，決口之堵塞，以及其他之一切工程方法，盡可施用。若當局再能明瞭新法之當行，努力於改良，新舊兼採，則收效益宏。（己）聘請專家詳研治本治標之方案。

（二）關於行政者：（甲）宜卽將各省黃河河務局等名稱取消，統成一局或委員會，以負護養之責，於會中設專門委員，專司改進設計之責。（乙）各段營防亦應改組，如鐵道然，以工段分之。（丙）明定其與有關係各機關之權限。（丁）職員以能專心於職務，而具有特種學識經驗者爲宜。

（三）關於經濟者：（甲）如李先生所云，能以實業之利息專款治河，實爲善策。惟所宜注意者，基金之保管，不可不籌有善法，以免野心家之操縱，與夫受時局之影響。（乙）昔日山東曾於丁漕每兩銀收八角河工捐之法。然此不過徵捐之一種名詞而已，實未用作治河，於人民凋蔽之餘，更不宜於施用此法。（丙）報載借款之消息甚盛，能否成爲事實，與其對於國家之關係，非本篇所論；若借款，提其一部作建設之事業，既符原議，利且無疆，實首要之事也。

寓居荒島，昔日搜集張本，未在左右，故言之不免空洞。閱者諒之。（二十年二月二十七日胡蘆島）

四　水災與國難

一國之文化與財富，與河道之關係至爲密切，例如我國之黃河，埃及之尼羅，印度之恆河，皆在歷史上有重要之價值。上古之時，人民逐水草而居，及人口日繁，則思防害之策，兼施利用之術。故占一朝之盛衰，類可自水利水患之情形卜之。又以其關係民生若是之重要也，故史册所載，代不絕書，河爲天然之賜予，欲興利以除害，則端賴人爲。是故昌明之世，國富民足，努力講求，日有進步，則水利可興，而禍患自除。多難之世，則必有河溢決漫之厄。蓋以人事不和，則私慾橫流，各利其私，互相爭奪，民生凋敝，救死不暇，天災之來，既未能防患於無形，更無力拯救於當時，及其潰決，只有聽諸天命，任黃流之汹湧，掃田廬成邱墟；故曰天災由於人禍。實以人能和，則天災容或可免，否則必益逞其凶惡矣。

黃河爲患，史不絕書，其最烈者，則爲前後之六次改道。茲姑述其歷史之背景，以實吾言，兼爲殷鑑。

大禹治水之後，終夏后之世，四百餘載無水患。殷時河屢潰決，則遷都以避之。周代以溝洫澮川，起自田畝，畿疆封築，取諸農隙。旱潦蓄洩，任之農功，卒然有急，移用其民以救之。其時專取力征，故土不隄而固，水不渠而灑，河由地中行，蓋不勞而定也。及平王東遷（西曆紀元前七七〇年）周室衰微，諸侯用兵，圖霸逞强。其始也齊桓爭長，其繼也晉楚起釁，秦晉稱兵，其間各國互爭，大戰連年，騷擾已極。當時諸侯，各作隄防以自利，甚或以鄰爲壑，而河愈橫溢，爲害無窮。故至周定王五年（西元前六〇二）河決黎陽（今濬縣）宿胥口，東行漯川，至長壽津（今滑州東北）始與漯別行；至大名，約與今衛河平行，至滄縣與漳河合，至天津以入渤海。河乃東南徙。

漢朝河患，始於文帝十二年（西元前一六八年）酸棗之決，武帝元光三年，濮陽瓠子口，河決繼之。其後百餘年間，河患頻仍。至成帝綏和二年（西元前七年），求能治河者，待詔賈讓上言上中下三策。後又屬徵治河者，但崇空言，無補實際；以故河敝已極。迨至莽移漢祚，天下大亂，始建國三年（西元十一年）黃河二次改道，決魏郡，經清河以東平原濟南數郡，北流至千乘（今利津縣）入海，河更東南徙，大伾（今濬縣境）以東，舊迹盡失。

東漢明帝，永平十三年，王景治河，多開水門，復河汴分流舊觀，不至橫決如前矣。及至宋朝真宗，國體衰弱，景德間（西元一〇〇四）遼大舉攻澶州（今濮陽西）帝親征，遼請盟。其後夏王趙元昊反，征討數載，遼復求地，外患屢來。故於宋仁宗慶歷八年（西元一〇四八）河決商胡（今濮陽縣東北）而橫隴（今濮陽東）之京東故道塞。北流合永濟渠，注靑縣境，又東北逕獨流口，至天津入海。越十五年河分於大名，遂分爲二股河，此股經德平樂陵海豐入海。至哲宗元符二年，東流斷絕。

遼代建國北方，於河無與。金克宋之初，兩河悉畀劉豫；豫亡，河遂盡入國境。宋慶歷之決，河乃北徙，後又有東股，幾復舊道。宋人恐河入契丹境，則南朝失險，故興六塔河，主二股河，欲挽之使東，是直以河爲天險，非治河矣。後宋南遷，奸相當國，金雖設官以置屬，適值兩國交兵，故於南宋光宗紹熙五年（卽金章宗明昌五年，西元一一九四年）河決陽武故隄，歷長垣，菏澤，濮縣，范縣諸縣，至壽張注梁山濼分爲二派。北派由北清河入海，南派由南清河入海。距上徙只一四六年耳。

其時金人以鄰爲壑，故縱河南下，與北淸河並行。是以河病敵，非治河也。至元世祖至元間，河決陽武，南徙益劇，又兼會通河成，北派愈微。明孝宗時，則主東西分治，後劉大夏，主張治上游。濬賈魯河，由曹出徐以殺水，濬孫家波，開新河七十餘里，導使南行。又經長垣，東明，曹，單諸縣，下盡徐州作金隄，長三百六十里，北流遂絕，沿淤黃河自雲梯關入海。時明孝宗宏治七年也（西元一四九四年）。此次遷徙始於元世祖至元中，迄明孝宗宏治七年，凡二百餘年，元則利河南徙，明則以漕運之疏通爲目標，治理不得其道，河槽紊亂已極。雖非盡由於國難之牽動，實以其非爲治河而治河也。

清咸豐元年，洪秀全稱太平天國，竭全國之力以事征討。遂於咸豐五年（西元一八五五年）河決銅瓦廂，北流自大清河入海，卽爲今道。清初河患雖甚，然皆堵塞禦防，惟於此次適値太平天國之興，故一決而不可收拾也。

就以上之事實，吾人可簡述如下：

河道初徙於西元前六〇二年，時在周室東遷之後，諸侯稱强，作隄自利，以鄰爲壑。

河道二徙於西元一一年，時在王莽篡漢後三年，天下大亂。

河道三徙於西元一〇四八年，宋室衰微，外有契丹之侵，內有夏王之變。

河道四徙於西元一一九四年，金宋利河以爲險，互作攻守之具。

河道五徙於西元一四九四年，三百年間，治理不得其道，至劉大夏始築大行隄使河南流。

河道六徙於西元一八五五年，適値洪、楊之變。

由上觀之，河道遷徙之變，幾無不在國家多難之時也。水災之原因固多，然人事不臧，必其大者。以上所述，略就歷次大患言之耳。若細考每次之泛決，亦可得同樣之結論。黃河下游，豫、冀、魯及蘇之北部，莫非黃河淤積而成。換言之，卽千萬年前，黃河曾漫流於此大平原者，不知其幾千百次也。故地勢平坦，一有沖決，任何處皆可作爲河道。試一睹前六次之遷徙圖，卽可畧窺一斑，西薄太行，南及徐淮，莫非河道所經。可知大平原中，任何處皆有爲河道之可能也。

嘗有以七次遷徙相詢者，此誠不幸之預測，然事實如是，亦不必諱言也。以今日之河道狀況，及國家情形言之，任何時皆有改道之可能，任何地皆有河浸之危險。自六次改道至今，垂八十年。所幸下游新道（大淸河故道）在昔水流尙暢，然以灣曲過多，且河底淤墊，連年決溢，幾至不可收拾。論者多謂豫省自淸光緒十三年後，未常有患，河可安矣！殊不知此正新道流暢之暫時現象，爲時一久，下游淤墊，水流纏阻，不得宣洩，其爲患必矣。故吾不爲今日之豫省喜，實懷前車之懼也。鞏縣而下，平均言之，低水位時，河面已較平地高二公尺，大水之時，則五六公尺不等，河行地上，全賴隄防。內戰連年，大河南北久已凋敝。防護失時，隄薄廂敗，潰決之患在於目前，卵巢幕燕，猶不自覺，不得不爲國人再言之也。

今日國家誠多難矣，內憂外患俱極險惡，較之遼、金、洪楊之時，已遠過之，河之不遷幸也。但勢屬建瓴，南決則徐、淮、金陵爲魚；北決則燕、趙、天津爲墟。喪亂連年，已不堪命，若再遇此巨災，欲蒙獨立國家之名，恐亦不可得也。言念及此，不寒而慄！

今日政府及社會，似已感覺河患之可畏及水利之重要，故亦提倡督促；然此不足以言治河也。東漢末年，求治甚力，詔訪徵求能治河者，然「崇空言，無施行，」爲史家所病，故不數年而徙。甚願今人能力矯此弊，不事空談，埋頭工作，不求口惠，但務實行，或可渡此難關。否則不忍言矣。古語云：「多難興邦，」不禁馨香以祝之矣。（二十二年八月三日於天津）

五 黃河改道之原因

前接國立北洋工學院院長李耕硯先生函囑，爲大公報撰「黃河改道之原因」一文，熟思至再，而無以應；蓋若論孟津以下之黃河改道乎？則年代悠久，事實繁雜，原因衆多，記載簡略，斷非倉卒所能究其真諦。若言今年利津以下之改道乎？考自銅瓦廂決口，迄今垂八十年，河口數改其道矣，是未始不可以利津作孟津觀，以八十年作四千年觀，以測歷次改道之原因也。如此比擬，視之似較簡單，而考其原因之複雜，殊不減於在豫魯冀大平原上之改道耳。夫所謂改道者，乃河患之大者。故今之言治河者，皆以防洪爲首要。然不明其因，無以擬方策，不察所患，無以施救濟，謹以一得之愚，公之於世，以就正於有道焉。

欲明黃河在下游平原之所以爲患，當先考此大平原之所由生成。按諸地質通論，河流沖積之工作，爲地形變化主要原因之一。高原土壤，山嶺巖石，被風化以後，經雨水之沖刷，奔注於河，順流而下，迨至流速稍緩，遂以沈澱，逐年淤積，歷時旣久，而平原成矣。縱復遇有地球之巨大變動，而山陵崩墜，川澤塡塞，高者陷，窪者起，地球之形態，儘可改觀，而河流之搬運工作如故，仍不失爲造成平原之主要動力；此平原生成之普通情形，而黄河下游之平原，當亦不能例外。

試再考之地史，當沙漠時代(Steppe Period)我國北部及中亞細亞，盡屬沙漠不毛之地，空氣乾燥，每値風作，塵沙蔽天，吹向東南，落而彌漫大地及山川溝壑，故謂此時爲沙漠時代。迨經億萬年後，東南之山系陷落，海水乘機侵入，雨量漸增，而成今日之地形與氣候，故又名此時爲黄壤時代(Loess Period)。當沙漠時期，風攜沙行，散布各處，風爲改造地形之主力，及今黄壤時代，沙隨河流，淤積下游，而黄河又有變化地形之權威矣。據地質調查所所長翁文灝氏之估計，黄河流域，黄壤所佔面積約十八萬八千方公里，已當全流域面積四分之一，其數實堪驚人，且黄壤爲風積，其質極細，能漏過二百號之篩子者，約佔百分之八十，故易爲河水沖刷。黃河既攜此多量泥沙，東出峽谷，驟抵平原，流緩沙沈，逐漸淤澱，遂致海日益退，陸日益增，於是下游之大平原成焉。據黃河水利委員會之估計，此大平原爲七千四百年所積成，在此以前，泰山不過爲海中之一孤島。然所估此數，或嫌太短。按翁文灝氏之估計，每二〇五年，河水可淤高一呎，則一〇、〇〇〇年後，可淤高五十呎。翁氏又云：二〇、〇〇〇年後，上游之黃壤，可盡被沖去。惟翁氏所假定之平均含沙量，較之在陝縣所計算者爲低；故以上所有之估數，不過供吾人以參考，尚未敢依爲定論；然無論如何，而下游大平原之造成，乃黃河之功績，殆無疑也。且在下游，凡有黃壤沖積之處，皆曾經黃流所波及，亦皆爲黃河之領土。明乎此，則黃河之所以時有變遷者，其重要原因，可得而知矣。

吾華民族，自西徂東，沿河而下，始來之際，樂水草之豐美，氣候之適宜，既便牧畜，復利種植，初不知有河患也。及至帝堯，洪水突至，乃命鯀禹父子相繼治之。鯀敗而禹成，千餘年後無河患。迨夫戰國，隄防之制興。惟隄防之原始，頗難稽考，論者謂大禹之陂障，即隄防之意，是否如此，茲姑不論；但隄防之築，必因人煙繁殖，藉資保障，敢斷言也。既有隄防，則不能無決，決而不歸故流，則改道矣。

黃河難治之原因，各家論者多矣。吾人不便妄事批評，惟就實際情形考之，其改道原因之在河道本身者，約有二端：一爲洪流之來去過驟，一爲攜帶之泥沙過多，茲分述於次：

黃河流量最低之時，恆爲十二月及一月，間或亦在五月。蓋自一月以後爲凌汛，桃汛。其間之水，遇汛則漲，汛過則落。至五月則降落幾與冬月等。必至六月而後，始逐漸漲發，及八月而達於最高洪水峯。而黃河河槽，恆淤刷不一；大汛之後，水流漸緩，則逐漸淤墊；經冬而春，間或亦有刷深，惟不甚大；及至大汛，恆有刷深至六公尺者。河槽既深，則容量必增；設當洪水來時，其勢稍緩，則河槽有刷深之時間，而防護工料，復有預備，從容處理，自可減少危險。如其來勢甚驟，河槽既無刷深之餘暇，猝不及防，則難免於患矣！故黃河之大患，在洪水之來去甚驟。試就二十二年大水而論，八月八日，河水在陝縣猛漲，一日之間，流量自五千增至一萬五千秒立方公尺，九日中夜，續漲至二萬三千秒立方公尺；十日漸落，十一日落至一萬，至十四日又落至五千秒立方公尺。以二日之間，自五千增至二萬三千秒立方公尺；而又於四日之內，仍降至五千秒立方公尺；水勢既如此其驟，河槽自無刷深之時間，故二十二年開口五十餘處，多漫溢也。然洪水來後，河槽既已刷深，及其一去，水面驟降，而仍有沖決之患，是以有「危險在落水」之諺語。蓋大水之時，洪流刷槽，兼淘壩根，未及拋石護之（護根石皆於大水時下拋，水小時拋之無用）洪去水落，繼以正溜頂衝，故其危險，較大水之時爲尤甚焉。洪流既去，河槽漸淤，淤而未刷，大水又來，年復一年，如斯循環，故河患終無已時；且其來去之驟，有莫可言喻者。試一閱黃河流量曲線圖，則見如峯巒起伏，忽昇忽降，非若他河之洪流曲線平易可延至數月之久，易於施防，此其爲害之大因也。

黃河含沙量之多，前已言之。按之紀錄，其在陝縣之最大者，以重量計，至百分之四十。以作者之估計，在該處全年平均爲百分之二・〇二，在濼口者爲百分之一・〇六，則此相差之數，所代表之泥沙，非盡沈於二地之間乎？（其總數差以重量計，爲二九四、〇七四、〇〇〇公噸，或爲二〇二、五五六、〇〇〇立方公尺。）所謂沈於二地之間者，非盡在大隄以內，有時潰溢沖決，漫及沿河各處也。然其所以沈於此處者，以自孟津而東，坡度陡緩，河面展寬，水力既不克攜之以去，故勢必澱於此耳；如以人工導之入海，則河患固可免已，惜乎勢有未許也。

由是觀之，黃河洪水之縣既如彼，而所攜泥沙之多又如此，其形成難治之特性，與夫易就改道之趨勢，又何怪焉。

以上所論，乃其本身之主因，而此外關於人事者，仍復有之；其最著者，卽黃河之安危與國家之治亂有直接關係也。作者曾於二十二年八月初旬，擬「水災與國難」一文，頗詳言其故，今不復贅述，僅錄其結語如次：

河道初徙於西元前六〇二年（周定王五年）時在周室東遷後，諸侯橫爭，作隄自利，以鄰爲壑。

河道再徙於西元一一年（王莽始建國三年）時在王莽篡漢後三年，天下大亂。

河道三徙於西元一〇四八年（宋仁宗慶歷八年）時宋室衰微，外有契丹之患，內有夏王之變。

河道四徙於西元一一九四年（南宋光宗紹熙五年）時金宋相爭，利河爲險，互作攻守之具。

河道五徙於西元一四九四年（明孝宗宏治七年）三百年間，治理不得其道，至劉大夏始築大行隄使水南流。

河道六徙於西元一八五五年（淸咸豐五年）適值洪楊之變。

河道六大變遷，而五次皆在國家多事之秋，去歲大水，幾演改道之慘劇，吾人不禁感慨系之！

於此更略言今年利津以下之改道，黄河大隄至利津之寧海村，以下至海約六七十公里，則無隄焉。宛似上古之時，黄河下游無隄孟津以下之形勢。自咸豐五年改道，尾閭經鐵門故道入海。其後南移，改由毛絲坨入海。嗣又屢改其道，由魚鱗嘴，老鴰嘴，大洋舖等處入海。今夏以前之河口，則在毛絲坨與魚鱗嘴之間，今年變遷特多，夏初南徙，旋又北移，過舊河口而入海。現則已屆嚴冬，河口又有南遷之消息；據山東下游分段段長季葆仁之報告：新河道出利津入廣饒，繞劉屋子莊至南旺口入海，距小清河口之羊角溝僅十里。是利津以下，河道屢次變遷，其原因之在本身者，仍不出乎前所述二者之外，而人工之未施，亦有關焉。

考自黄河改道北行，二十年後山東始修隄埝，藉資防禦；寧海村下雖亦有隄防，嗣以河口之三角洲，盡屬荒地，渺無人煙，防守不易，遂以棄之。山東河務局之職權，僅達寧海村，以下聽其漫流而已。吾故曰河口之屢次改道，亦由人工未施也。第以前五次改道，河口一帶，地荒人稀，雖有漫溢，未感其患，故不爲人所重視；今則水利事業日有進展，每有變遷，則社會人士咸注意及之耳。

吾人一言河口，則有無限感慨隨之以生，蓋河口以下尙有三百七十萬畝之肥灘，無人過問焉！作者於此，曾於去歲春間，撰「黃河河口之整理及其在工程上經濟上之重要」一文，以冀喚起政府人民之注意，從事墾殖，以裕國庫，利民生，而兼爲治河籌基金也。惜乎政府地方，俱感財竭，一時未能施行耳。

改道之原因，既略如上述；然則維持防護之法維何？曰：在上游則爲洪水流量之節制，泥沙冲刷之減少；在下游則爲河槽之固定，隄岸之防護耳。至其詳，不屬本篇範圍，茲弗論及。惟此數事者，已於治本治標，兼籌並顧，河患如此其劇，人民如此其痛，尙望國人急起直追，協力謀之，以早固國本，永奠民生焉。（民國二十三年十二月二十八日於開封）

六　黄河之沖積

黄河難治之特性，卽爲所含泥沙過多，是故欲根本治黄，必先控制泥沙之沖積。查我國秦嶺山脈，界分南北，因之江河流域之土質與氣候，亦隨之而異。黄河流域土質爲黄壤，氣候則乾燥，而黄壤之組成，又爲數千萬年之風積所致。蓋在黄河上游，秦嶺以北，朔風頻自沙漠而來，挾多量之細沙以南行，遇秦嶺而速度忽減，其所挾之物，亦同時墮落，年復一年，繼續不斷，遂堆積成爲黄土。黄河則又經流其間，逐漸沖刷，攜帶下行，又復積墊，於是更成爲冀、魯、豫、蘇之大平原。

據翁文灝約計黄河流域黄壤（Loess）區域如下：（中國地質學會誌第十卷二四七頁）

蘭州以上之平原　　六萬方公里

蘭州至寧夏	五萬五千方公里
渭水流域	二萬六千方公里
沁水流域	二千方公里
北洛水流域	一萬六千方公里
汾水流域	一萬一千方公里
西安至觀音堂	一千方公里
洛水流域	二千方公里
其他	一萬五千方公里

以上共十八萬八千方公里，約當其流域面積四分之一。

按河本爲其專門名詞，凡載籍之言河者，概指黃河，以其流經黃壤，水含黃土而色黃，於是稱之爲黃河。故欲治河，必於黃字上着工夫也。

然欲研究黃河之沖積，自非有數十年之統計以資考證不可。今幸黃河水利委員會已着手工作，數年之後當更有較確切之資料，以供吾人之探討也。第爲目前計，亦只有將過去殘缺之資料加以整理，以作陰夜之磷火，聊示所至而已。

內政部所編黃河河務會議彙編中載華北水利委員會之測量結果如下：

地點	時間	流量（每秒立方公尺）最大	最小	平均	含沙（以重量百分計）最大	最小
陝縣	民國八年	六、七四〇	二八〇	一、三八一		
	民國九年	四、三二〇	二四〇	一、一七七	七・〇八	〇・五七
	民國十年	六、〇八〇	三九〇	一、二二〇	一七・〇三	〇・六六
	民國十八年	五、四四〇	二一〇	一、一六七	二二・六二	〇・一五
開封	民國十八年	四、六六〇	一八五	一、〇〇〇	三・八二	〇・一三
濼口	民國八年	四、五〇〇	二二五	九〇五	三・九四	〇・二一
	民國九年	五、八七五	二四四	一、八八〇	三・〇六	〇・二五
	民國十年	八、〇五〇	一二五	一、六四〇	一・五五	〇・三七
	民國十八年	四、七〇〇	八〇		六・八一	〇・〇五

二十二年大水，陝縣最大流量爲每秒一四、三四七立方公尺（八月十日）打破過去之紀錄。惜其泥沙量未有記載。惟渭水之泥沙量則至百分之四十七。（二十二年最大流量估計爲二萬三千秒立方公尺，詳黃河最大流量之試估一文。一萬四千餘秒立方公尺者，實非最大流量。）

自上表吾人可見有許多特異之點，例如十八年之最大流量，開封灤口較陝縣爲小，其間且有汾水及伊洛各河之流入。十八年之平均流量亦然，即泥沙量亦復如是。八年最大流量陝縣亦較灤口爲大，且亦無決口之事發生。於此可見河南一段河身之寬，已作蓄水及澄清池之用，其影響於治河者如何，是堪注意者也。

陝縣四年之平均流量之平均數爲每秒一、二三六立方公尺，灤口三年之平均流量之平均數爲每秒一、四七五立方公尺。

關於含沙量，前表中只有最大與最小者，今自華北水利委員會之測量底稿中摘錄表列之。其中次數一欄，爲於該月中測量之次數，今只將各該次數之平均數列入（含沙量以重量百分數計：）

甲，陝縣

月	民國九年 含沙	民國九年 次數	民國十年 含沙	民國十年 次數	民國十八年 含沙	民國十八年 次數	每月平均含沙
一月					0.35	3	0.35
二月					0.53	5	0.53
三月			1.13	7	1.20	10	1.16
四月			1.17	7	0.89	15	1.03
五月			1.08	7	0.64	6	0.86
六月	1.99	4	2.08	10			2.03
七月	2.39	6	3.47	20			2.93
八月	4.36	7	1.33	6	7.30	8	7.66
九月	3.17	8			3.00	1[illegible]	3.08
十月	2.83	9			2.20	7	2.51
十一月	1.39	6					1.39
十二月	0.75	5					0.75

乙，灤口

月	民國八年 含沙	民國八年 次數
一月		
二月		
三月		
四月	0.39	5
五月	0.29	5
六月	0.40	1
七月	0.58	4
八月	3.56	4
九月	1.05	3
十月	0.57	5
十一月	0.50	6
十二月	0.33	3

民國九年 含沙	民國九年 次數	民國十年 含沙	民國十年 次數	民國十八年 含沙	民國十八年 次數	每月平均含沙
0.55	6	0.44	6			0.49
0.62	7	0.61	5			0.54
0.92	7	0.97	6			0.73
1.45	7	0.75	7			0.87
1.49	7	1.23	7	4.24	11	1.89
2.79	7	1.55	1	4.45	26	3.09
1.86	6			3.04	25	1.98
1.68	7			2.29	27	1.51
0.99	6			1.27	26	0 92
0.36	4			0.31	16	0.33

由上表亦可見平均含沙量之百分數。於是吾人更可進而求其一年之平均數，以便計算一年中之沖積量。灤口缺少一及二月之統計，若假定一月爲〇・一五，二月爲〇・二〇，(可參考前表之一切數目，此假設當有相當之根據)。則陝縣之含沙量，全年之平均數爲百分之二・〇二，而灤口者爲一・〇六。(因參考材料不完善，且係概約計算，故平均時，未將次數因素加入)。

於此可知經過陝縣每秒之攜沙量爲：

1236×0.0202×1000=24,967.2Kg/Sec=27.41T/Sec

是則每秒爲二四、九七公噸或爲二七・四一噸。則全年爲七八七、一三九、〇〇〇公噸，或八六五、九七九、〇〇〇噸。

其在灤口者，所得之平均含沙量爲百分之一・〇六，自各表中比較之，較之在流量爲一、二三六公尺時者爲小，以係自前表得來，不便更改。根據此數計算，攜沙之經過灤口者每年爲四九三、〇六五、〇〇〇公噸。如此則與陝縣者之差爲二九四、〇七四、〇〇〇公噸，此必皆沉澱於陝灤間矣。

沙之體積約較其重小一・四五倍，則陝縣之每年平均含沙量以體積計爲百分之一・三九二，灤口者爲〇・七三一。今再以體積估計每年之攜沙量，經過陝縣者爲五四二、五七七、〇〇〇立方公尺，灤口者爲三四〇、〇二一、〇〇〇立方公尺。試更舉一比語，以申述此數目之偉大：若以經過陝縣每年之攜沙量，築成約高十三公尺半寬一公尺之隄，可圍地球赤道一周。亦卽等於我國四萬萬人不論男女老少每人負二公噸重之土壤（約三千斤）自上游運至下游之量數也。

於此更慮及大平原之停積過多。河南河北二省河道，自陝縣以下共長約三百八十公里，平均水位時之寬約爲三公里，則每年可填高二公寸。然事實上尚不至若是之巨，蓋以短距離之沖積頗多；換言之，有隨沖隨積者，非盡皆自上游攜至下游者。至於此數之大小，尚待研究。然所攜之泥沙不澱於河身，必自決口處淤積於兩岸，殊堪注意者也。

今更論及河口之推進。有史以來，黃河曾六移其道，縱橫於河北河南山東江蘇四省，故成沖積層之大平原，其地日漸高，而海必亦日益退。按以上所論經過灤口之攜沙，年可填高六公尺者，約六十公里見方。河道在山東境內又甚狹窄，除決口及洪水時，漫溢於新灘者外，必歸於海。然全年中含沙最多時期卽爲洪水數月中，必有一部份澱淤河身，成爲新灘，惟亦常有隨澱隨沖者。冬日水小之時，所有泥沙，大概可以全行入海口，以故流入海中與停淤於灤口以下河身之比例數，甚難確定。然以灤口以下速率較大，且距河口祇四百餘里，今姑定其沙之流入於海者爲全數百分之七十五，則每年入海者約二五五、〇〇〇、〇〇〇立方公尺。

流入海中之泥沙，設其爲潮溜之沖刷而漂流於沿岸各處者爲百分之三十，則淤積於河口者，每年爲一七八、五〇〇、〇〇〇立方公尺。若海岸之水平均深度爲六公尺，黄河三角洲長爲六十五公里，則海岸每年平均可前進四〇三公尺，卽約二年又六個月可使長六十五公里之海岸進海中一公里。

然於海退之迅速中，吾人不能不有疑問焉。蓋以獨流、千乘等名詞久已載諸典籍，天津、鹽山、蒲台等地漢時已有之；若海岸之進展，如前述之迅速，則又有似矛盾者。翁文灝則謂北部平原及渤海有逐漸陷落之現象。（中國地質學會誌第十卷）其言曰：「似乎有一東北及西南方向之區域，包括遼寧之遼河下游、渤河灣中部，及中部沖積層皆有逐漸下陷之現象。此等陷落，則使一方面海河及他方面遼河三角洲之進展不能表現。此等陷落之現象，已逐漸遲緩，或因此區域之界綫部份，有不同方向之移動，以致今日利津河口淤積之現象，特別顯著也。」

黃河所攜泥沙與黃壤之化學成分極爲相近。其粒極細，約有百分之八十以上漏過二百號篩子。

至於河流速度與沖積之關係，亦爲有待研究者。惟此等關係頗爲複雜，例如流量大者其總量必多，速率大者其成分必巨，而河底之情形不同，即在同一切面上，亦有沖積之不同。其沖刷之泥沙，亦有兩種性質，一則自上游攜至下游，上游則爲沖，下游則爲積，一則爲短距離之搬運，沖於弧之凹面者積其凸面，雖亦逐漸向下，然只受局部速率之影響。

關於各種物體，在速率如何大小之時，方能起始攜帶，雖屢作試驗，終以各河流之情況不同，結果亦無甚價値。例如小量水有某種速率不能攜帶者，大量水則能之，其一例也。是故各河道工程書籍中，雖有沖積及速率關係之公式或圖表，不過僅供吾人參考，未可冒然應用於各河流也。

由華北水利委員會陝縣八年、九年、十年、及十八年之水文記載中，求得最小之平均速率爲每秒一·二〇公尺，最大者爲二·七三公尺。蓋以其倘在山峽中也。開封十八年半年之統計流速最小者爲每秒〇·七二公尺，最大爲二·一九公尺。（係春汛之速率，當伏汛時流量必大，然因河身太寬，流速大小如何，實不敢定，此處參考材料缺乏，殊爲可惜。）灤口最小之平均速率爲〇·二八（其他三年統計最小者皆在〇·五以上）公尺，最大爲二·七一八公尺。平均速率如是之大，則無怪其攜沙之多也。

試就黄河之沖刷情形，與世界著名各河比較之，各河所含之泥沙量，以重量計，略舉如下：

黄河百分之二·〇二（陝州，或爲四十九分之一）及百分之一·〇六（灤口，或九十四分之一）；

可崙拉都(Colorado)河，一四二分之一；
米雪里(Missouri)河，二六五分之一；
綠各蘭(Rio Grande)河，二九一分之一；
波(Po)河，九〇〇分之一；
密西西比(Mississippi)河，一、五〇〇分之一；
羅因(Rhone)河，一、七七五分之一；
尼羅(Nile)河，一、九〇〇分之一。

密西西比河每年之平均流量爲每秒六二〇、〇〇〇立方英尺（一七、六〇〇立方公尺。）以平均流量計，雖較黃河大十二倍，然其含泥量則遠不及之也。

據尼羅河之測驗，速率若有每秒四至五英尺，卽有沖刷之現象，以之論於黃河，則非敢下斷語矣。蓋以沖積之情形，不僅受速率之影響，舉凡流量水深，河形泥沙之性質，局部之情況，必皆加以考慮，方可有較切之結論。在學理方面，對於沖積之現象，固可加以試驗，然尤必須於黃河本身，加以測勘研究。黃河泥沙既關係若是之重要，對於其沖積又必施以控制，是故在治本工作中，此項研究，實爲首圖。記載務持以悠久，測驗必盡其詳密。因此，似可於河南及山東各選一段河身，於不同之水位流量中與不同深度及不同位置之地點，詳測各斷面之含沙量，並考察其沖積之情形。再作一試驗渠，以爲學理研究之輔助。如是則泥沙沖積之情形可以明瞭，而控制設施之方策，可以定矣。（民國二十三年一月摘錄二十二年一月所作之黃河流域之土壤及其沖積一文）

七　黃河之糙率

古今之論治河者，對於適宜之河道橫切面，莫不有充足之討論。然究以資料之缺乏，結果多偏空洞，如「不與水爭地」「束水以攻沙」等理論，各執一詞，互相訴訟。即同主「束水攻沙」者，對於河道之寬應為若干尺，亦莫衷一是。推其原因，皆由基本原素之不明，而有紛爭之現象。按河道流速公式甚多，其最常用者，則為哲塞(Chezy)一七七五年，及滿寧(Manning)一八九〇年所定者。於一八六九年葛泰(Ganguillet and Kutter)對於哲塞公式中之係數又擬定一推算之公式。

今設以：v = 水流之平均速率，以每秒公尺計；

a = 河道橫切面，以平方公尺計

Q ＝ a v ＝河之流量，以每秒立方公尺計；

n ＝ 葛泰及滿寧公式中之糙率；

p ＝ 河道橫切面之溼界（Wetted Perimeter），以公尺計；

r ＝ a/p ＝平均水徑（Hydraulic radius），以公尺計；

S ＝ 水面之比降（Slope）

則哲塞公式爲：

$$v = C\sqrt{rs};$$

葛泰公式爲：

$$C = \frac{23 + \frac{1}{n} + \frac{0.000155}{S}}{1 + \left(23 + \frac{0.000155}{S}\right)\frac{n}{\sqrt{r}}};$$

滿寧公式爲：

$$v = \frac{1}{n} r^{\frac{2}{3}} S^{\frac{1}{2}}$$

此公式中之糙率（n）必由測驗得之，或由他河之結果，採其與問題中之河道環境相似之資料以爲根據。然糙率因沿河土質（或磚石等，按河岸之情形而定）草木之生長，河道之狀況而異。採取他河者，不免有極大之錯誤（後詳）然欲有推算，必先知v，r及S之值。

連年建設之呼聲，雖高冲雲霄，基本工作，則迄未進行。好誇大，而不顧事實，喜空談，而不務實際，使已有之建設，逐漸破壞，良可慨也！黃河測量已有多年歷史，民國七八年間，已着手進行，中間亦若斷若續，至十八年間，沿河已設水文站三處，水標站六處，並由華北水利委員會沿河測量，十九年即奉令停止。是故沿河水文測量資料最完備之年，即民國十八年也。茲就該會已有之張本研究之。

陝縣，開封及濼口爲水文站，潼關，鞏縣，姚期營，蘭封之東壩頭，濮縣之唐屯，壽張之十里鋪爲水標站，各站間之距離則係自陸軍測量局十萬分之一地圖量得者。亦曾與其他地圖相校對，相差無幾。

民國十八年五月十五日及十一月五日之水位曲線，頗爲平坦，並無流量增高或減少之現象；換言之，其時之流量爲一定，而比降亦爲一定也。八月十五日爲在高水位時，其比降頗不如前二者之可靠，但爲比較高水位時之比降起見，亦列入對照，如第一表。

第一表　黄河之比降

地名	水位及比降	日期			離前站之距離(公里)
		五月十五日	八月十五日	十一月五日	
潼關	水位　公尺	三二〇・三〇	三二一・五一	三二一・一八	水位以大沽海面爲標準
陝縣	水位	二八九・六〇	二九三・四〇	二九〇・五二	
	水位差	三〇・七〇	二八・一一	三〇・六六	
	比降	〇・〇〇〇四一六	〇・〇〇〇三八一	〇・〇〇〇四一六	七三・八
鞏縣	水位	一〇六・〇〇	一〇六・四七	一〇六・三四	
	水位差	一八三・六〇	一八六・九三	一八四・一八	
	比降	〇・〇〇〇八〇〇	〇・〇〇〇八一〇	〇・〇〇〇八〇〇	二三〇・〇

姚期營	水位	九四·八四	九六·一五	九五·七二	四二·一
	水位差	一一·一六	一〇·三二	一〇·六二	
	比降	〇·〇〇〇二六五	〇·〇〇〇二四五	〇·〇〇〇二五二	
開封柳園口	水位	七七·二〇	七八·一〇	七七·五五	一〇九·四
	水位差	一七·六〇	一八·〇五	一八·一七	
	比降	〇·〇〇〇一六一	〇·〇〇〇一六五	〇·〇〇〇一六七	
蘭封東壩頭	水位	六九·〇五	六九·八四	六九·七二	三三·〇
	水位差	八·一五	八·二一	七·八三	
	比降	〇·〇〇〇二四六	〇·〇〇〇二四八	〇·〇〇〇二三六	
濮縣唐屯	水位	五〇·二〇	五三·一一	五一·九七	一三六·二
	水位差	一八·八五	一六·七三	一七·七五	
	比降	〇·〇〇〇一三六	〇·〇〇〇一二三	〇·〇〇〇一三〇	
壽張十里舖	水位	三九·四六	四二·一八	四〇·四九	八〇·〇
	水位差	一〇·七四	一〇·九三	一一·四八	
	比降	〇·〇〇〇一三四	〇·〇〇〇一三七	〇·〇〇〇一四二	

濼口				
水位	二四・九〇	二八・一〇	・二六・一〇	
水位差	一四・五六	一四・〇八	一四・三九	
比降	〇・〇〇〇一一〇	〇・〇〇〇一〇六	〇・〇〇〇一〇八	一三二・八

文濼口至利津爲一五五・四公里，利津至海爲七七・〇公里，共爲二三二・四公里。

對於上表之結果，似屬滿意。五月爲低水，十一月爲中水，八月爲高水。然其結果則相差無幾。即以十里舖至濼口論，對於五月十五日及十一月五日之數目，應較重視，前已言之，幾爲〇・〇〇〇一一。而利津以下因受潮水之影響，頗難估計，於二十一年十月視察時，在濟陽一帶所得比降，亦約爲萬分之一。再就距離及水位估計之，則在濼口附近之比降，定爲〇・〇〇〇一一似無大謬。而蘭封，開封間之比降，似屬較大，姚期營及鞏縣間者亦較大，或由於兩站間距離稍近，偶有錯差，輒無法以補償也。今以姚期營及濮縣唐屯間計之，則所得之比降在五月十五日爲〇・〇〇〇一六〇，八月十五日〇・〇〇〇一五四，十一月五日〇・〇〇〇一五七。鄭州而上，則南岸有邙山，更西至陝縣則爲山地，故比降應大。是故關於黃河比降可得以下之結論：

十里舖以下之比降爲〇・〇〇〇一一〇；

唐屯至十里舖之比降爲〇・〇〇〇一三五；

姚期營至唐屯之比降爲〇・〇〇〇一六〇。

恩格爾（Engels）於制馭黃河論中，曾估算黃河之比降，在河南境內孟津以下爲〇・〇〇〇二〇。至論及姜溝魏家山等地費禮門（J. R. Freeman）之結果時，又稱『此與前所推測之平均水坡〇・〇〇〇二相差甚微。』是恩氏對姜溝（十里舖下二五公里）之比降仍認爲〇・〇〇〇二也。此數似屬稍大。

費禮門之中國水患論（Flood Problem in China, Transactions of Am. Society of Civil Engineers Vol. LXXXV, 1922）中有云：「黃河三角洲之半徑

約爲四〇〇英里，其項角約爲九〇度，其向海之比降，極爲均勻，以直線論每英里降十英寸，沿河道每英里降八英寸。」換言之，卽以直線論爲〇・〇〇〇一五八，以河道論爲〇・〇〇〇一二六也。此數之計算未詳，似取此四〇〇英里之平均數者。是故較之上段則爲小，比之十里鋪之下則又較高也。

方修斯（Franzius）於其黄河治導計劃書中有云：「初步總略計劃中，則於運河口處取平均比降 0.00015 = 1:6666 爲已足。」按運河口卽在姜溝。（十里鋪下）必在〇・〇〇〇一一及〇・〇〇〇一三五之間，方氏之數亦似稍大。於此所又應聲明者，則恩方兩氏之結論，多以費氏報告爲根據，蓋以費氏曾作視察測驗之工作也。

糙率，卽：自葛泰及滿寧兩公式所得之糙率（n），極爲相近。茲選用滿寧公式以推算茲自民國九，十及十八三年中任意摘錄灤口水文之張本，以作糙率之計算，民國八年雖亦有記載，惜河道切面不全，未得列入。記錄中之河道切面圖，多爲每月測驗一次者，故水面之寬，即由各該圖量得之。

第二表　黃河糙率之計算

年 月 日	水標位 以公尺計	平均速率 以秒公尺計	河流面積 以方公尺計	流量 以秒立方公尺計	水面寬 以公尺計	平均深 以公尺計	比降	糙率（滿寧公式）	流量在一〇〇〇秒立方公尺以上者	流量在一〇〇〇秒立方公尺以下者
九—三—七	二四·三六	一·〇〇〇	四八五·三〇	四八五·二三	一四五	三·三五	〇·〇〇〇一一	〇·〇二三六		〇·〇二三六
四—五	二五·二九	一·三一〇	八〇一·八〇	一〇五〇·六八	二〇〇	四·〇〇		〇·〇一九一		〇·〇一九一
二六	二四·七一	一·二七〇	五五五·〇〇	七〇四·〇五	一七五	三·一七		〇·〇一七八		〇·〇一七八
五—一八	二五·三三	一·七三二	八八四·〇〇	一五六六·八六	二三〇	三·八四		〇·〇二四五		〇·〇二四五
二六	二五·七六	二·二一五	一五五五·一〇	三四四八·四一	二四〇	六·四八		〇·〇一七二	〇·〇一七二	
六—一〇	二五·六〇	二·〇四三	一二七九·一〇	二六四一·〇三	二三〇	五·五六		〇·〇二三四	〇·〇二三四	
七—七	二五·三〇	一·五三二	九五三·九〇	一四七九·〇九	二三〇	四·一五		〇·〇一七四		〇·〇一七四
一八	二五·五七	一·八三六	一三〇〇·一〇	二三〇二·七一	二三〇	五·六三		〇·〇一七二	〇·〇一七二	
二八	二六·一六	二·二一〇	一五〇六·六〇	三三七九·〇〇	二四〇	六·二八		〇·〇一六九	〇·〇一六九	

八—一〇	二六•八三	二•四〇五	二〇一五•四〇	四六七一•一四	二七〇	七•五三		〇•〇一六六	〇•〇一六六	
一三	二五•七一	一•八六八	二六二一•四〇	一三〇七•七九	二五〇	五•〇三		〇•〇一六八	〇•〇一六八	
九—九	二五•九五	一•六〇四	一〇八九•〇〇	一七四七•〇三	二二五	五•〇八		〇•〇一九三	〇•〇一九三	
一四	二七•五一	二•六〇一	一八七一•一〇	四六六六•八五	二九〇	六•四六		〇•〇一四一	〇•〇一四一	
一〇—二	二七•三九	四•四三七	一八六七•八〇	四五五〇•七七	二九〇	六•四六		〇•〇一三三	〇•〇一三三	
一二	二七•八六	二•四五〇	三八五•八〇	五五六〇•五六	三〇〇	七•三〇		〇•〇一三九	〇•〇一三九	
一一—一三	二六•〇九	一•四九七	一一四四•五〇	一七一三•一五	二四〇	四•七六		〇•〇一九七	〇•〇一九七	
二七	二五•八九	一•一七	一二三六•八〇	一三三六•二七	二四〇	四•七六		〇•〇一五三	〇•〇一五三	
一二—一六	二五•五四	〇•九〇七	九三一•七〇	八四四•六六	一九〇	四•九〇		〇•〇三四四		〇•〇三四四
二二	二四•六五	〇•五四二	六六二•四〇	三三八•三五	一七〇	三•八九		〇•〇四七八		〇•〇四七八
一〇—四—七	二五•六五	一•二一〇	九七一•〇〇	二二六八•三〇	二五五	三•八〇		〇•〇一九六		〇•〇一九六
五—六	二五•四〇	一•三五〇	五八二•三〇	七六六•八七	二四〇	二•四〇		〇•〇一四〇		〇•〇一四〇
六—一四	二六•〇七	一•八八五	一〇〇二•八五	二八九〇•三七	三三五	三•〇八		〇•〇一一八		〇•〇一一八
一九	二六•六九	二•六三四	一三三五•八〇	三五一八•五〇	三四〇	三•九一		〇•〇〇九九	〇•〇〇九九	
七—二	二六•七九	二•四三四	一三二五•七〇	四〇〇七•七〇	三四〇	三•六五		〇•〇一〇一二	〇•〇一〇一二	

二五	二七·九五	二·六九五	一八八六·二〇	五〇八三·三〇	三三〇	五·三八		0·〇一二九	0·〇一二九	
二七	二八·六九	二·七八	三二八九·六〇	六三三三·一〇	三六五	六·二七		0·〇一三一	0·〇一三一	
八—二五	二九·〇五	二·二九	三一九五·四〇	七〇九〇·六〇	四二八	七·四五		0·〇一八〇	0·〇一八〇	
一七	二八·四七	二·三四九	二八三九·六〇	六一七六·九〇	三八五	七·一〇		0·〇一三三	0·〇一三三	
一八—七—一九	二五·四八	一·六〇	五〇八·九四	八一五·四	二九〇	一·七五		0·〇〇九五		0·〇〇九五
二四	二七·七五	二·三六	二三八八·三六	二九一九	三九〇	三·一八		0·〇〇九六	C·〇〇九六	
八—一六	二七·六〇	三·三九	一四三二·八〇	三四三四	三七〇	三·九一		0·〇一〇九	0·〇一〇九	
一〇	二八·四九	三·六三	一七五四·二九	四八一四	三八〇	四·六〇		0·〇一一〇	0·〇一一〇	
二六	二八·二七	三·二七	一六七三·九六	三九六五	三六〇	四·六四		C·〇一三三	C·〇一三三	
一七	二八·三四	三·五八	一六八六·八二	四八八三	三七〇	四·五九		0·〇一三三	C·〇一三三	
三	二八·七〇	三·一七	九八二·五三	三三二六	三六〇	二·七三		0·〇〇九四	0·〇〇九四	
九—四	二八·七二	二·四四	一一三一·二四	二七三七	二六〇	三·一三		C·〇〇九二	0·〇〇九二	
九	二八·二五	一·八七	七九六·六四	一四八九	三二〇	二·四九		0·〇一〇三	0·〇一〇三	
三	二五·九五	一·六三	七四七·七七	一二三一	三一五	二·三七		0·〇一一四	C·〇一一四	
一〇—九	二八·三六	二·三三	九二一·一七	一九二七	三二五	二·七三		0·〇〇九七	0·〇〇九七	

三	二六·一三	一·九六	八〇〇·一六	一五六五	三二五	二·五四	〇·〇一〇〇	〇·〇一〇〇	
三一	二五·九六	一·一二	七二六·六六	八一〇·二	三〇〇	二·四三	〇·〇一一七		〇·〇一一七
二—五	二六·一〇	一·三七	七六六·一八	一二四三	二九五	二·六七	〇·〇一二八	〇·〇一二八	
二三	二六·一四	一·三三	八三四·四〇	一一一五	三二五	二·六五	〇·〇一五〇	〇·〇一五〇	
二九	二五·八〇	〇·九八	七二五·四六	七〇四	一六〇	二·七五	〇·〇一一〇		〇·〇一一〇
三—四	二五·〇三	〇·七〇	四九九·八三	三四八·三	一四五	二·〇四	〇·〇一二四		〇·〇一二四
二二	二五·〇五	〇·七九	三二六·四六	四二六·九	二〇五	二·五八	〇·〇二五〇		〇·〇二五〇
二〇	二三·七三	〇·二八	二六三·〇〇	七三·六六	一五五	一·九五	〇·〇五八四		〇·〇五八四
二五	二四·五四	〇·四四	三四三·九五	一五〇·〇	一四〇	二·四五	〇·〇四四三		〇·〇四四三
平均							〇·〇一七四	〇·〇一三五	〇·〇一四三

第二表中之糙率，有者似較高，或過低，是或由於在水位增降之時所致。例如當水漲之時，則水面比降必大，按前計算之比降以求糙率，所得之數必較低，反之則高，是以糙率之值稍有變化。再則於流量低時，糙率亦增，例如流量爲七三·六六秒公尺時，n爲〇·〇五八四，蓋由於水面寬而淺所致。所採錄之流量皆爲河

流在河槽之内者，因漫流淤灘時各部分之資料不足，故略之，

今將糙率分爲兩部，一爲流量在一〇〇〇秒公尺以上者，一爲小水時期，卽在一〇〇〇秒公尺以下者。可見前者除有少數之特別情形外，尙稱一律。後者之變化較大，實由於低水位時，河道之變化，影響較巨也。

其中最後之二數（卽〇・〇五八四及〇・〇四三三）似不應與其他平均計算，因在每年中此等時期較短也。然以共有四十八個數目，影響其總平均當亦不大，惟影響於低水時之糙率較大耳。

開封柳園口之河道淤墊變化情形頗甚，而張本亦不充足，只有民國十七年十一月至十八年六月者，無高水位之記錄，然爲校對第二表之結果起見，亦列表以明之，如第三表。

第三表　黃河糙率計算之校對

年 月 日	水標位 以公尺計	平均速率 以秒公尺計	河流面積 以方公尺計	流量 以秒立方公尺計	水面寬 以公尺計	平均深 以公尺計	比降	糙率（滿寧公式）	流量在一〇〇〇秒立方公尺以上者	流量在一〇〇〇秒立方公尺以下者
一七—一二—一五	七七•三九	一•五一	七六四•二〇	一二五四•八八	三一〇	二•四六	〇•〇〇〇一六	〇•〇一三三	〇•〇一三三	
二〇	七七•四八	一•四二	七〇九•三五	一〇〇二•六五	三七〇	一•九二		〇•〇一三八	〇•〇一三八	
二九	七七•二六	一•一四	六五四•七一	七四九•四三	三四〇	一•九二		〇•〇一七一		〇•〇一七一
三—七	七七•四三	一•一四	五六八•九〇	六四九•五四	三六〇	一•五八		〇•〇一五一		〇•〇一五一
二三	七七•一九	〇•六五	三六八•七五	二三九•六四	三五〇	一•〇三		〇•〇一九七		〇•〇一九七
二四	七七•〇五	〇•六一	三五八•一五	二二七•五七	三四〇	一•〇五		〇•〇二二四		〇•〇二二四
二九	七六•八六	〇•五四	二九三•〇六	一五六•八九	三四〇	〇•八六四		〇•〇二三三		〇•〇二三三
一八—一—一七	七七•四四	〇•九一	六〇〇•五七	五四九•一六	三五〇	一•七三		〇•〇一五五		〇•〇一五五
六—一九	七七•五二	一•四四	六二一•三三	八九四•四二	三八〇	一•六四		〇•〇一三三		〇•〇一三三
二七	七七•四五	一•三八	七四七•九九	一二七九•六二	三八〇	一•九六		〇•〇一二五	〇•〇一二五	
平均								〇•〇一六四	〇•〇一三八	〇•〇一七四

自第三表中吾人益可信第二表結果之無誤。所差者爲低水位時之糙率，或由於第三表中無最小流量所致。故可得以下之結論：

流量在一〇〇〇秒公尺以上之糙率(n)爲〇·〇一三五;

流量在一〇〇〇秒公尺以下之糙率(n)爲〇·〇二二〇;

糙率(n)之總平均數　　爲〇·〇一七五。

方修斯依據費禮門在姜溝及魏家山民國八年五月至八月測量之結果(姜溝七數,魏家山六數,最小流量爲三七六秒公尺,最大者爲七六四四秒公尺),以比降〇·〇〇〇一二六,按傅希亥滿(Forchheimer)公式推算之結果如下:

糙率(n)之總平均數　　爲〇·〇一九五;

高水位時(四〇〇〇秒公尺以上)之糙率(n)爲〇·〇二二〇;

中水位時(一〇〇〇秒公尺以上)之糙率(n)爲〇·〇一六五;

低水位時(一〇〇〇秒公尺以下)之糙率(n)爲〇·〇一九三。

費禮門於其淮河報告中求得黃河糙率(n)爲〇·〇一五。

方氏之總平均數與所推算者頗近。糙率與比降之平方根成比例,若方氏亦用〇·〇〇一一之比降，則其總平均數變爲〇·〇一八二，更爲相近。惟高水位與中水位之糙率相差實不若如是之巨。再按灤口與魏家山之切面相差無多，其上口較姜溝者稍狹，而底則稍寬耳。再其計算中高水位者六，中三，低四，數目太少，則受特情現象之影響自大。

費氏之數與第二表一〇〇〇秒公尺以上流量之糙率頗相近。

由費方二氏之結果，益可證以上之推算大概無錯。

糙率係數，各河不同，採用他河者作本河之設計，易生謬誤之結果。爰採 Schoder and Dawson's Hydraulics 第十二表及 King's Handbook of Hydraulics 第七十三表，在各種情形下之糙率（n），列爲第四表。

第四表　葛泰及滿寧公式之 n

粗糙之情形	糙率（n）				附註
	最優	優等	中等	劣等	
洋灰數之河渠	〇·〇一二	〇·〇一四*	〇·〇一六*	〇·〇一八	*爲設計時常用者

淨灰碎石面	〇·〇一七	〇·〇二〇	〇·〇二五	〇·〇三〇	
碎石面	〇·〇二五	〇·〇三〇	〇·〇三三	〇·〇三五	
細鋪方石塊面	〇·〇一三	〇·〇一四	〇·〇一五	〇·〇一七	
運河及渠道:					
土質,成直線且均勻者	〇·〇一七	〇·〇二〇	●〇·〇二二五	〇·〇二五	
鑿石,平滑且均勻者	〇·〇二五	〇·〇三〇	●〇·〇三三	〇·〇三五	
鑿石,鋸齒狀且不規則者	〇·〇三五	〇·〇四〇	〇·〇四五		
迂緩之運河	〇·〇二二五	●〇·〇二五	〇·〇二七五	〇·〇三〇	
浚挑之河道	〇·〇二五	●〇·〇二七五	〇·〇三〇	〇·〇三三	
運河之有石底而岸上生草者	〇·〇二五	〇·〇三〇	●〇·〇三五	〇·〇四〇	
天然河道:					
(一)整潔直岸河底深淺不大差者	〇·〇二五	〇·〇二七五	〇·〇三〇	〇·〇三三	
(二)如(一)而有草石者	〇·〇三〇	〇·〇三三	〇·〇三五	〇·〇四〇	
(三)灣曲,有深溜及灘但整潔者	〇·〇三三	〇·〇三五	〇·〇四〇	〇·〇四五	
(四)如(三)低水位之比降及切面不適宜者	〇·〇四〇	〇·〇四五	〇·〇五〇	〇·〇五五	
(五)如(三)有草石者	〇·〇三五	〇·〇四〇	〇·〇四五	〇·〇五〇	

（六）如（四）切面為石者	〇·〇四五	〇·〇五〇	〇·〇五五	〇·〇六〇	
（七）迂緩，有草及深溜者	〇·〇五〇	〇·〇六〇	〇·〇七〇	〇·〇八〇	
（八）草甚多者	〇·〇七五	〇·一〇〇	〇·一二五	〇·一五〇	King分n為四級
均勻切面之人造河道					Schoder未分等級
底岸皆以平滑之木板裝成者	〇·〇〇九				
以純洋灰泥敷面者	〇·〇一〇				
以洋灰漿（1：3砂灰）敷面者	〇·〇一一				
平整粗木板裝成者	〇·〇一二				
方石工或上等磚工	〇·〇一三				
普通磚工	〇·〇一五				
上等碎石工，或粗污木板	〇·〇一七				
面不均勻之河道					
最整潔之運河，在堅硬之卵石地，切面較均勻而河岸整齊者	〇·〇二〇				
普通土質運河或河道，情形尚好，無大石及茂草，而河岸整齊者	〇·〇二五				

同上，間有草石者	○·○三○
河道粗糙，或底不規則，或草石甚多，或碎石散佈，而岸不整齊者	○·○三五——○·○四○
極曲折之河道有更高之n值，但r之值常不一定，如山谷急流，森林或居住區之洪流等	○·○五○——○·○七○

今設無以前之推算，自第四表中選用黃河之糙率，或較○·○一三五爲大，蓋以此數爲切面均勻，而以方石或磚砌之河道者；再則洋灰敷面之河渠亦爲此數。以普通知識測之，黃河糙率當較此數爲高，卽以總平均數而論，亦較第四表中黃河所應有者爲小。今先述黃河沿岸之情形。

黃河平均水面之寬度（濼口）約爲三百公尺（最高水位除外）。於險工之處（頂溜之岸）有埽壩。而埽以稭料及土築成，面亦平順。壩則爲碎石砌成，間亦有抛磚護岸者。普通地帶，岸爲沙壤，雖迂曲而整潔。底則爲滾沙，故河道横切面之濕界，甚平滑。此爲糙率較小之一因。

水中含沙較多，爲糙率較小之第二因。方氏有言曰：「竊思含有黃壤之水其性狀與油相類，其摩擦係數較小於淨水。」黃河含沙量最大，民國十八年陝縣含沙最大記錄，以重量計至百分之二二・六二，其影響於糙率當非淺鮮。

如是則自以上所得之結論，作設計河道之張本，或可無大誤也。（民國二十二年三月十五夜於天津）

八　黃河最大流量之試估

二十二年黃河之大水，突破數十年之記錄。於是黃河最大之可能流量，頗爲關心河事者所樂研究之矣。蓋我國對於黃河水位及流量向無確切之記載；自有科學記錄以來，十餘年間相率以八千秒立方公尺爲依據；即外來客卿專家之著述，亦多根據此數，以故皆視此爲黃河流量之最高峯矣。民國十九年，作者研究各河之流量時，曾疑此數或猶過小。但爾時以黃河流域氣候之乾燥，與夫土質之鬆軟，且之研究之依據，雖心焉疑之，卒無得而反證之也。

去年大水之後，曾至汴視察，陝州最大流量（八月九日）突以一萬四千餘秒公尺聞，實已超出以前之記錄百分之八十，足證作者曩日所疑之不誤。此巨量之洪流，固爲當時沿河五十餘處漫決之主因，然果可據爲黃河流量最大之記錄乎？殆猶未也。

近閲安立森君「平漢黄河鐵橋與洪水之關係」一文（黄河水利月刊一卷三期），果知陝州二十二年最大之流量，尚不止此數。蓋以當時最高水位，適在中夜，流量觀測，容有未周，故以水位高低估計之，去年最大之流量，當爲二萬三千秒公尺耳。方今正謀治河之時，一切設計，莫不依此爲據，稍有錯誤，則挽救無及，故對於黄河最大流量之預測，不可不愼審研究。然恆以資料缺乏，所得結論，容或未盡合乎科學，要在根據事實，勿尚空言，則研究所得，或較切實。作者本諸斯旨，撰爲此文，聊供探索者之參考，謂曰「試估」者，實有待正於他日也。

黄河流量記錄之最久者，當推華北水利委員會。兹就各站之最高水位及最大流量，分列如後：

一、陝州

年度	最大流量以秒公尺計	最高水位以公尺計
八年	6940	269 0
九年	4320	294.05
十年	6080	294.95
十一年		294.04
十二年		295.18
十三年		292 72
十四年		296.02
十五年		294.25
十六年		293.54
十七年		292.95
十八年	5940	295.34
十九年		293.94

二、灤口

年度	最大流量以秒公尺計	最高水位以公尺計
八年	4500	28.71
九年	5875	27 44
十年	8005	29.3[illegible]
十一年		27 81
十二年		28.49
十三年		27.78
十四年		28.50
十五年		28.47
十六年		28.28
十七年		28.05
十八年	4700	28.54

二十二年黃河洪水以陝州而論，始於八月八日之猛漲，一日之間，流量自五千增至一萬五千秒公尺，九日續漲，至中夜已達二萬三千秒公尺之數，水位已增至二九八·二三公尺矣。據安立森君之計算，九十兩日之水位及流量如下：

日時	流量以秒公尺計	水位以公尺計
九日二點	16,000	296.70
四點	16,500	296.90
六點	17,000	297.06
八點	17,000	297.05
十點	17,000	297.05
十二點	17,000	297.05
十四點	17,000	297.07
十六點	17,500	297.10
十八點	18,000	297.15
二十點	19,000	297.33
二十二點	21,000	297.80
二十四點	22,000	298.12
十日二點	23,000	298.23
四點	19,000	298.00
六點	17,000	297.57
八點	15,000	296.95
十點	14,000	296.60

其各支流之流量，以十日晨二時估計之，則北洛河爲三〇〇，涇河一二、〇〇〇，渭河四、〇〇〇，汾河一、八〇〇，包頭潼關間二、三〇〇，包頭以上二、二〇〇秒公尺。

影響於流量大小之要素甚多，各水文書籍中類詳論之，然欲作一合理之公式，或推測之方法，殆不可能。近雖有以某次雨量之密度(Intensity)與洪流之關係，而思得以解決問題者，亦卒無適當之效果，以之用於黃河，更不適宜；良以雨量記載，尚不足應用也。雨量與流量之關係，頗難確定，今以美國米亞米河爲例以證之；該河在特頓(Dayton)城以上之流域爲二、五二五方英里，茲將其前後八次之暴雨及流量，列表如後（Proceeding of Am. Soc. of C. E, May, 1928）：

年　月　日	特頓城以上雨量之平均數以时計	流量以时計	流量當雨量之百分數
一九一三，三，二十三至二十七	九・六〇	八・一六	九一・〇
一九二四，三，二十八至二十九	二・〇六	一・一六	五六・〇
一九二四，六，八	二・二二	一・七三	七八・〇
一九二五，九，十二至十三	三・二〇	〇・〇四	一・二五
一九二五，十一，十二	一・四三	〇・六六	四七・〇
一九二五，十一，二十六至二十七	一・二九	〇・二〇	一五・六
一九二六，四，七至八	一・二三	〇・八四	六八・〇
一九二七，三，十至二十一	三・四四	二・三一	六七・〇

試觀各百分數之變化，若斯之大，幾令人不可信；惟同一河流，尙且如是，更難推測他河之結果矣。

論者謂黃河自銅瓦廂改道之後，垂八十年，蘭封隄未曾漫決，而二十二年竟分流故道，可知其爲八十年來之最大水矣，是猶有未可信者。不知此八十年中，蘭封以上曾決口數次，如同治五年河溢胡家屯，七年又溢滎澤汎，復至光緒十三年河決鄭縣，如無上游數次之漫決，孰敢必蘭封之水位不較今年加高耶？況蘭封以下河槽淤高，水位難以確切表示流量耶？論者又謂溫縣一帶四十年來，未曾上水之老灘，去年竟以漫及，此或可證明爲四十年中之最大水矣。然是又有待於考察者。黄河水溜是否受平漢路橋之影響？殊爲問題。當修橋之時，凡有水流之處，則加大橋孔，有灘之地，則用較小者，今則孔小之處，反爲水流橫經之地，大橋孔間，則變爲灘地矣。再則黄河河底，以夏日大水之沖刷，常較冬日低至二三公尺不等。若遇洪水驟至，不及刷深河槽，而致擡高水位亦或情事之可能（二十二年大水甚驟）；如此等情形不能明晰，亦不敢斷其爲四十年來之最大水也。

是故吾人欲研究黄河最大之流量，似不必討論二十二年大水在洪水記録中之地位，尤不能依此而推測任何結論。且連年天災人禍，紛至沓來，測量工作，屢事中斷；谿以測量設備不完，人事容有未周；又當洪流時期，適値青紗帳起，土匪猖獗，各站標尺，既非自記之儀器，所測最大流量，殊難憑信；且黃河水位曲線之變化宛如奇峯突峙，其來也爲勢甚突，其去也爲時甚暫，一二日間或數小時之頃，其最大洪流期卽或滑然而過；此又測量中之困難問題也。然二十二年陝州之最大流量，尙可設法估計（二萬三千秒公尺較該時之報告一萬四千秒公尺者增加約十四分之九。）至若過去者，將更以何法而較其精確乎？

如是則估計之法，將何由得？茲擬參照世界各河之流量，及黃河之情形，比擬一數，以供參考。當民國十九年時，中國工程學會在瀋陽舉行十五次年會，作者曾提出「水道橫切面大小之討論」（工程季刊第六卷二號，）搜集流量公式凡三十九，而研究之，並參酌哲費斯(C. S. Jarvis)發表於美國土木工程學會會刊(Proceeding of Am. Soc. of C. E., Dec. 1924)「洪流之特性」(Flood Flow Characteristics) 一文中世界九百七十八河洪流之張本，比較而討論之，因以擬

定以下之三流量公式:

$$q = \frac{30,600}{6.3+M^{[illegible]}} + 6 \cdots\cdots (1)$$

$$q = \frac{5,450}{2.1+M^{[illegible]}} + 2.5 \cdots\cdots (2)$$

$$q = \frac{1,555}{1.6+M^{[illegible]}} + 0.5 \cdots\cdots (3)$$

其中q爲每平方英里之最大流量,以秒呎計,M爲流域之面積,以平方英里計;則河流之洪水流量,爲以上二數之積。第(一)公式應用於罕有之洪流量,第(二)公式應用最大之洪流量;第(三)公式應用於普通之洪水流量。迄今仍覺此三公式,尚無可變更之處,惟第(一)式只可用於多雨地帶耳。

今以黄河流域爲二十八萬方英里計(黄河水利委員會估計流域面積爲七十二萬六千方公里,後經修正爲七十五萬六千方公里。)代入第(三)式,則q爲〇・八六二秒呎,洪流爲二十四萬(二四〇、〇〇〇)秒呎,亦即爲六千八百（六八〇〇）公秒尺也。若代入第（二）式則q爲三·七七秒呎，洪流爲一百零五萬（一、〇五〇、〇〇〇）秒尺，亦卽三萬秒公尺（三〇、〇〇〇）也。

試比較第（三）式之結果，與以前數年之每年洪水記錄頗相近，第（二）式所得之三萬秒公尺，卽作者所估之最大流量也。今更就黃河及支流之流量與自（二）（三）兩式之計算表列於後，卽可證明所推論之數，相差不遠也。

黃河及各支流洪流比較表

名稱	面積		第（三）式之洪流			第（二）式之洪流			廿二年洪流	備考
	方公里	方英里	q	秒尺	秒公尺	q	秒尺	秒公尺	秒公尺	
黃河	七三六、三六四	二八〇、〇〇〇	〇·六六五	二四一、五〇〇	六、八〇〇	三·七七	一、〇五〇、〇〇〇	三〇、〇〇〇		●爲安立森君估計括弧內者爲張光庭君估計載水
包頭以上各流	三七、三二〇	一四三、三〇〇	一·〇六二	一五四、五〇〇	四、三八〇	四·四七	六五〇、〇〇〇	一八、四〇〇	二、二〇〇°	利第六卷四期
山陝間各流	三六八、二八八	一五三、二五〇	一·五五九	八五、三〇〇	二、四一〇	六·三五	三三八、〇〇〇	九、六〇〇	二、三〇〇●	

汾	三六,五六〇	一四,八五〇	三·〇七	四五,六〇〇	一,二九〇	二·五三	一七二,〇〇〇	四,八五〇	一,八〇〇 (六,〇〇〇)	黄河水利委員會第二次估計修正黄河流域面積爲七五六,六四〇方公里各支流面積亦與此表略異附帶註明
涑	二,八七三	四,五七〇	六·一〇	三七,九〇〇	七九〇	三·一〇	一〇一,〇〇〇	二,八六〇		
沁	一,五五三	五九八	二·九〇	一五,一〇〇	三七〇	七七·一〇	四六,二〇〇	一,三一〇		
洛	一三,七六八	四,九三〇	五·八四	一六,七〇〇	八一〇	三·一三	一〇四,〇〇〇	二,九五〇		
伊	六,二四〇	二,四〇五	九·一〇	三二,〇〇〇	六三〇	三二·五〇	七六,二〇〇	二,二一〇		
瀍	九二	三五二	三〇·八〇	一〇,八四〇	三〇七	一〇七·五	三七,八〇〇	一,〇七〇		
	五,一三〇	一,九七〇	一〇·三〇	二〇,[illegible]〇〇	五八〇	三六·八〇	七二,五〇〇	二,〇三〇		
洮	二三,〇八〇	四,六五〇	六·〇七	二六·二〇〇	八〇〇	三·四四	一〇〇,〇〇〇	二,八〇〇		

渭	三二、六三三	四六、八五〇	一·六九	七九、三〇〇	二、二四〇	六·六八	三三、〇〇〇	八、六〇〇	
咸陽以西之渭	五三、四一六	二〇、二〇〇	二·六〇	五三、[illegible]〇〇	一、五〇〇	九·八五	一九、〇〇〇	五、六五〇	四、〇〇〇（六、〇〇〇）
沮	六、四三三	二、四八〇	八·四九	三三、一〇〇	六二〇	五三·〇〇	七九、三〇〇	二、二四〇	
涇	三七、八八六	一四、六〇〇	三·一九	四六、六〇〇	一、三二〇	一一·五六	一六九、〇〇〇	四、七五〇	三〇、〇〇〇（二一、三五〇）
北洛	二四、八九六	九、六〇〇	三·九五	三七、九〇〇	一、〇七〇	一四·五三	一三九、三〇〇	三、九五〇	三〇〇（三、三八五）

據安立森君之估計，二十二年之大水，主要者來自涇渭二河。試就張光庭君所述各支流之流量，與自（二）式所得之數字相比較，頗爲符合，惟涇水稍高耳！所尤應注意者，陝州水文站位於沁洛諸水之上，是則鄭州之流量當更較大也。惟以黃河流域之廣，急風暴雨，祇能影響於一二支流之洪量，如二十二年之涇渭，斷

難同時各支流盡受暴風雨之影響也。然試考安立森君之敘述，除涇渭外，其他各河流量似皆小於普通洪流，故二十二年之大水，不得認爲黃河之最大流量也。是以擬定三萬秒公尺，不無理由。

今更與世界各大河之洪流作一比較列下：（節錄哲費斯張本）

河名	流域以方英里計	流量以每方英里秒呎計	最大洪流之估計		備考
			常有者	罕有者	
塞因河 Seine R.（法國巴黎）	一六、八五九	五・二四（一九一〇年一月）			
浦河 Po R.（意國 Ponte Lagosiuro）	二七、〇二七	九・一〇			
淮河	四一、〇〇〇	五・〇〇			按龜山以上之流域爲一四四、〇〇〇方公里，最大流量爲一五、〇〇〇秒公尺，則 q 合九、三秒呎
伊洛瓦底江 Irrawaddy R.（緬甸）	一四九、八〇〇	三三・九			
米西西比河 Mississippi R.（美國 Grafton, Ill.）	一七一、五七〇	二・一〇（一八八三）			

可羅拉都河 Colrado R. (美國 Gila Junction, Ariz.)	二二五,000	一·0五(一九一六年一月)	0·五	一·五	
歐海歐河 Ohio R. (美國 Cairo, Ill.)	二三三,000	六·0(一九一三年四月)	三·六	六·0	
哥崙比亞河 Columbia R. (美國 Dalles, Ore.)	二三七,000	五·八七(一八九四年六月)	三	五·八	
那哥拉河 Niagara R. (美國 Niagara, N. Y.)	二六三,四四0	一·一五	0·三	一·一	
聖羅崙河 St. Lawrence 美國 Ogdensburg, N. Y.)	二九八,0八0	一·0七	0·三	一·0七	
黃　　河	三二三,四六二	一·六四(一八八一)			● 哲敦斯所估之數
米蘇里河 Missouri R. (美國 Sioux City, Iowa)	三0五,000	一·0			
恆河 Ganges R. (印度)	三六七,九七0	四·九			
米蘇里河 Missouri R. (美國) St. Charles, Mo.)	八三0,八一0	一·一三			
米西西比河 Mississippi R. (美國 St. Louris, Mo.)	七0二,三六0	一·一六(一八八三)			
米西西比河 Mississippi R. (美國 Cairo, Ill.)	九0二,九00	二·二四(一九一二)	一·三		

八　黃河最大流量之試估　　一四三

揚子江	一，一〇〇，〇〇〇	二·七五			按二十年大水亦適爲二·七五
尼羅河 Nile（埃及 Assuan）	一，三〇〇，〇〇〇	〇·三五			
米西西比河 Mississippi R.（美國 Carrollon, La）	一，四〇〇，〇〇〇	一·〇七（一九二九年五月）	〇·七		
黃（）河	二六〇，〇〇〇		〇·八六二	三·七	此數爲作者估計數

各河流域之情形不同，卽以面積在二十萬及三十萬平方英里間者論，q之變化自一以至於六。估計之黃河數，亦適在其中。此固不足證明其數之確實，但可證其必合乎理也。

如是設於黃河各支流之適當地點，建以谷閘，以延長洪流時間，復因黃河洪流爲時甚暫，必可奏蓄水防洪之效。如此則下游之最大流量必可減低，但非可論於今日也。

由上所述，對於黃河流量之估計，可得結論如次：

一、最大洪流爲三萬秒公尺；
二、每年常有之洪流爲六千八百秒公尺。

（二十三年五月於南京）

九　民國二十三年黄河水文之研究

吾人對於黄河求治之心甚切，故對於資料之搜集亦甚力。民國二十二年大水以前，黄河水文記載，極爲幼稚，僅陝縣及灤口各設水文站一處，其記載亦且屢作屢輟，故對黄河之認識，甚覺膚淺，作者雖亦曾於此等殘缺張本，加以整理，作爲歸納，惟只示吾人知識之所至，以作治導之一助耳。民國二十二年秋，黄河水利委員會成立後，第一步之工作，卽致力於水文及河道之測量，於是次第成立水文站十有五處，水標站六處，上自蘭州，下迄利津，分佈亦頗適宜。二十四年又擬增設水文站八處，數年之後，治河之依據，將由是而定矣。然記載貴持久，統計貴週詳，今只有一年之成績，自不足恃；惟此項測量之方法，頗稱精密，水文站之分佈，亦較普遍，以其所得，校核以前研究之結果，尚不無微補也。爰將研究之所得，分述於後：

一 流量

二十三年各處之水文站，係陸續設立者，自一月至七月始籌設完備，故七月以後之記載，頗爲週密，本年洪水皆在八、九、十、三個月中，如以防洪爲目標，此三月中之記載，已足供研究之用。

潼關於八月十日暴漲，而長垣一帶決口，是以對於下游水文，稍有影響，其後忽漲忽落，至十月中旬，又行暴漲，此八、九、十、三個月之流量情形，今先就各月份之平均流量言之，列表於下：

黃河八、九、十、三個月平均流量記載表

站名	三個月平均流量以秒立方公尺計	較上站增減	附註
陝州	三三二三·四		
包頭	一八六三·二	減一四六〇·二	

龍門	二六六五·七	增 八〇二·五	
潼關	三〇三八·〇	增 三七二·三	
陝縣	三一七九·七	增 一四一·七	
秦廠	三六八六·三	增 五〇六·六	秦廠在平漢鐵橋上游
高村	三二二〇·三	減 四六六·〇	決口適在高村之上游
陶城埠	三四三〇·七	增 二一〇·四	
濼口	四一七三·五	增 七四二·八	
利津	三六六〇·五	減 五一三·〇	利津十一及十二兩月流量則較上游稍高

包頭之平均流量，所以低於蘭州者，是蓋由於寧夏綏遠灌溉用水之故，且地勢平坦，或可平緩夏日之高水，以濟冬日之低水也。但因缺乏全年總流量之記載，不克比較，則此項推測，倘有待於研究。

僅就二十三年而論，包頭龍門間之山陝支流，增加洪水量甚多。龍門至潼關，包含汾涇渭北洛各流，所增之數，尚不及龍門以上者之半，洛沁諸河則增加五百秒立方公尺。

利津之記載，較濼口爲低，似稍有可疑，在十一及十二月間之流量，反較濼口者爲高，亦無以爲解，姑以存疑而已。

今更就全年總流量言之，在潼關者爲四七、〇〇九、七二八、〇〇〇；陝縣者爲四四、三〇六、七三八、〇〇〇；秦廠者爲五〇、二七五、四六四、〇〇〇；濼口者爲五六、〇五〇、五七六、〇〇〇立方公尺。潼關所測之數雖稍高，然大體尚可。如此陝縣全年平均流量爲一四〇五秒立方公尺，濼口者爲一七七七秒立方公尺。二十三年洪水雖不及二十二年，然已屬可觀，較作者以陝縣四年之平均流量爲一二三六秒立方公尺者，及濼口三年之平均流量爲一四七五秒立方公尺者，約增百分之十一至十二。

至於各站漲水，其影響下游之情形，亦可以陝縣爲準而討論之，陝縣八月十日之漲水，決非因包頭以上之來水使然，蓋以包頭水文站之流量記錄，於八月十日起，始自約一千六百秒公尺逐漸增高也。龍門八月九日下午三時，最大流量爲九千四百秒立方公尺，潼關八月十日上午三時爲一萬四千六百秒立方公尺，陝縣八月十日下午一時爲一萬一千三百六十秒立方公尺。可見此次大水其來源爲山陝交界諸支流與涇渭北洛各水也。因此次洪水峯爲期較短，故至陝州已有停蓄之餘地，以是最大流量較潼關爲準。其來自龍門者，爲百分之六三·四，來自龍門與潼關之間者爲百分之三六·六。

試復就陝縣言之，假定此處以下之河槽不使超過八千秒立方公尺之流量，以二十三年論，其上必有一八五、〇〇〇、〇〇〇立方公尺之蓄水能力始可（二十三年陝縣八月十日左右流量在八千秒立方公尺以上之總流量爲此數）。又以二十二年大水論之，則其上必有一、七一九、〇〇〇、〇〇〇立方公尺之蓄水能力始可。（八月八日至十二日在流量八千秒立方公尺以上之總流量。至八月十九及二十日間，水又突漲，其在流量八千秒立方公尺以上之總流量爲七〇、九〇〇、〇〇〇立方公尺不在此內。）

所不幸者，二十二及二十三兩年迭次潰決，以致不能測得豫省寬隄距之攔洪量，殊爲憾事。蓋陝縣以上既無蓄水之設備，以資攔束暴洪，則惟有賴下游廣闊之河身，以爲約制。平漢橋以下至冀省之高村間，長約一百七十公里，隄距平均以二十公里計，則其間之面積爲二千零四十方公里。換言之，即二、〇四〇、〇〇〇、〇〇〇平方公尺。若能普通增高一公尺，則其容積已有可觀。（以隄頂有降坡，故爲時極暫。）是故如能將沿河堤高作有規律之增加，亦可爲攔洪之用。其費用或較上游造蓄水庫爲省，然兩岸之灘，經一次漫流，必淤高一次，而隄頂亦必隨之而增，似仍非根本之圖。凡此種種皆有待於資料之補充，方可作肯定之論也。

二　輸沙量及含沙量

各水文站對於含沙量之測驗，平均係每日一次，含沙量之單位，以流量重量之百分數計，更以此百分數，按其相當比例，變爲輸沙量，以每秒立方公尺計（在不同之百分數，由重量變作體積之數字亦不同。）總計每月流經各站之泥沙數量，列表如下：

民國二十三年黃河各水文站每月輸沙量（立方公尺）統計表

所在地 水文站	包頭	龍門	道關	陝縣	秦廠	高村	陶城埠	濼口	利津
一月			四,一〇五,六八七	二,二四一,八二二	二,三〇三,四四四			一,一三三,五六八	
二月			四,三三〇,三六八	三,五一二,六七八	五,八一九,五九四			八,七一四,三〇四	
三月			六,八六五,五〇四	九,六六九,〇三四	八,四三〇,八九〇			五,一七四,四九六	
四月			六,八六〇,一六〇	一六,八九九,八四〇	一七,〇一〇,七四八			二〇,〇四四,八〇〇	
五月			一五,四九〇,六五六	一五,六六〇,五四四	一五,七一三,五六八	二二,〇五二,八〇〇	一四,九〇四,〇〇〇	一三,九九六,八〇〇	
六月			一九,三二八,四六〇	一八,六八四,八〇〇	一三,八六四,九六〇	二六,七六四,〇〇〇	一九,六三二,八〇〇	三二,八三二,〇〇〇	
七月	一〇,三三三,四四〇	一一三,三五六,八〇〇	一八七,三六〇,〇〇〇	一三八,[illegible],二〇〇	一一一,三一〇,〇〇〇	八三,三三二,八〇〇	九一,六七〇,四〇〇	八四,四五六,〇〇〇	六七,一三二,八〇〇
八月	四八,九五八,四〇〇	四八〇,九〇二,四〇〇	四五六,八四〇,〇〇〇	七一〇,三八〇,一六〇	六九五,五二〇,〇〇〇	三三八,六八八,〇〇〇	四一一,二六四,〇〇〇	四一三,八五六,〇〇〇	三七四,四五七,六〇〇
九月	五〇,二七六,一六〇	一一四,三九三,六〇〇	一一一,四五六,〇〇〇	一六三,四八八,八〇〇	一一九,〇三四,〇〇〇	一八一,一七四,四〇〇	一七五,一三二,八〇〇	一五八,七六八,〇〇〇	一九七,三三七,六〇〇
十月	四八,六六八,八〇〇	六三,七五三,二〇〇	九六,四九六,〇〇〇	一一七,八六二,四〇〇	一六二,七〇〇,八〇〇	一七一,五九〇,四〇〇	一六三,二〇九,六〇〇	二〇五,八〇四,八〇〇	一八六,九二二,八〇〇

十一月		三四、一五五、二〇〇	一九、二七四、一一三	六四、六二七、二〇〇	六三、五九〇、四〇〇	四六、〇五一、二〇〇	五四、八四四、〇〇〇	五五、一三三、二〇〇	六八、八一七、六〇〇
十二月	缺	一、九四一、四〇〇	七、二一四、一七六	一九、六八三、六四八	一七、五四三、五三〇	七、〇四一、六〇〇	七、九四八、八〇〇	一〇、三四八、三四四	一四、三一九、二〇〇

其有全年之紀錄者，則爲潼關，陝縣，秦廠，及濼口四處。餘則七月以後，始稱完備。按在一，二，三，四，五，六，十一及十二等月，各站之輸沙量頗有規律。例如五月份潼關以下各站之輸沙量，在一千二百萬及一千六百萬立方公尺之間，六月份則在一千九百六十萬及三千二百八十餘萬之間，換言之，每站之輸沙量頗爲平衡，而特別沖澱之情形較小也。然輸沙之大部則在七月至十月間，今更列表詳論之。

九 民國二十三年黃河水文之研究 一五三

站名	全年輸沙量以立方公尺計
包頭	
龍門	
潼關	949,581,443
陝縣	1,451,942,115
秦廠	1,460,641.904
高村	
陶城埠	
濼口	1,110,252,312
利津	

七八九十四個月輸沙量以立方公尺計	四個月間與上站輸沙量之差以立方公尺計
152,236,800	
772,416 000	+620,179,200
854,152,000	+ 81,736,000
1,290,642,560	+436,490,560
1,309,564,300	+ 18,921,740
775,785,600	−533,778,700
841,276,800	+ 65,491,200
962,884,800	+121,608,000
825,840,800	−137,044,000

由上表言之，可知四月中之輸沙總量，約佔全年百分之九十。惟潼關之紀載，似稍有可疑之點，因陝縣與秦廠頗可校對。龍門潼關間，有涇渭及北洛之輸入，其增加必不僅八千一百七十餘萬立方公尺；而潼關與陝縣間，亦或不至增加四萬三千六百四十餘萬立方公尺。總之潼關測驗之數，似嫌太低，此或由於該站河槽之不整所致也。

河流攜帶泥沙，常有短距離與長距離之別：短距離者，其上段灣部之沖刷，即沈澱於其下段也；長距離者，乃作長距離之運輸。故泥沙之運輸，恆隨其所遇情形之不同而爲沖刷與沈澱。輸沙量只有表示經過該站之泥沙量，不能表現其沖澱之情形也。今舉數點於後，吾人應注意之：

（一）包頭以上之輸沙量頗少，僅約及陝縣者百分之十二。

（二）包頭龍門間，有巨量之泥沙增加，約爲陝縣者百分之四十八。

（三）龍門陝縣間亦有巨量之泥沙增加，約爲陝縣者百分之四十。

（四）陝縣及秦廠極平穩。

（五）秦廠及高村間之淤澱幾減陝縣全量百分之四十。

（六）高村利津間之輸沙量，又稍增加，利津與陝縣較，約當百之分六十四。

於此可見大部分之泥沙來自山西與陝西。至於上游之沖刷，是否沈澱於寧夏綏遠之間，尙待考察。惟沙粒之粗細，各支流輸沙量成分之多寡，及與流量之關係，均有待於繼續研究也。

九　民國二十三年黃河水文之研究

二十三年最高之洪水，雖遠不如二十二年，然爲期較長，往年九月底則水落，二十三年十月中旬，水又暴漲。故輸沙之總量亦隨之而增，是以較作者前所估計輸沙總量（見黃河之沖積）超出頗多。全年輸沙總量在陝縣者竟當所估者二·六八倍（五四二、五七七、〇〇〇與一、四五一、八五二、一二五之比）。在灤口者當所估者三·二六倍（三四〇、〇二一、〇〇〇與一、一一〇、二五二、三一二之比）此點之差錯頗大，茲申論之。

就二十三年論，陝縣全年平均含沙量以重量計，爲百分之二·八〇四，灤口全年爲百分之一·八六四，以之較作者以前之估計，陝縣爲百分之二·〇二及灤口爲百分之一·〇六者，則陝縣約增百分之三十九而灤口約增百分之七十六。陝縣灤口之全年平均流量僅增百分之十一至十二。合而計之，陝縣二十三年之全年輸沙總量似應超過以前估計者百分之五十四，灤口亦應超過百分之九十七，較之二·六八倍及三·二六倍相差甚遠，其原因似亦有二點：（一）計算全年平均含沙量，不應只求歷次測驗之平均數，兼必注意其每次測量之重要性，換言之，不應視每次測驗數爲等分量也。(二)泥沙重量及體積之比例數，極難規定，據黃河水利委員會試驗之結果，因含沙百分數而不同。故於由重量變體積時所用之換變數不同，而結果亦異。

三　糙率

河槽之沖刷無定，而水位之漲落不一，故河道橫切面之變化亦逐日不同。如是則黃河之糙率(n)。亦難得確切之數目，作者前曾得結論如次：

流量在一〇〇〇秒公尺以上之糙率(n)爲〇・〇一三五；

流量在一〇〇〇秒公尺以下之糙率(n)爲〇・〇二二〇；

糙率(n)之總平均數爲〇・〇一七五。

(見黃河之糙率)

今據二十二年測算之結果，亦極龐雜。以陝縣論，糙率曲線則起伏於〇・〇一及〇・〇二之間，僅有數點在〇・〇二之上。而在秦廠之切面，不如在陝縣者較爲固定，故其變化亦大，五月以前，則升降於〇·〇一及〇·〇二之間，六、七、八、三個月在〇·〇一及〇·〇三之間，九、十、十一、十二四個月則在〇·〇〇五及〇·〇二之間，極不一律，高村除冬季外，亦在〇·〇一及〇·〇二之間。陶城埠五、六月時在〇·〇一及〇·〇二之間，七、八、九、十、十一、等月則在〇·〇一上下，十二月突增至〇·〇二以上，此或由於冰凌所致。濼口除一、二及十二月較高約在〇·〇三與〇·〇六之間外，餘多在〇·〇二上下。由此觀之，黄河之糙率，頗難一定。冬日受冰塊之影響，姑勿論矣；而在其他時季之情況，簡言之，又歸納如次：（一）陝縣之糙率在〇·〇一及〇·〇二之間；（二）高村亦如之；（三）陶城埠則較陝縣者爲低；除低水時在〇·〇一至〇·〇二之間外，餘皆在〇·〇一上下；（四）濼口者則較高，皆在〇·〇二左右。除此吾人實難得更精確之結論矣，然與以前所估計之總平均數爲〇·〇一七五者頗合。要之欲作設計依據，必縝密考核，方可減少錯誤，切近事實也。（二十四年五月於開封）

十　黄河河口之整理及其在工程上經濟上之重要

黄河河口之重要，前屢著文論之。然時有以疑難相質者，故復申而論之，以竟吾辭。河口治理之方法，因其環境之不同，則所期得之效果亦異。又因時間空間之不同，斷難以一言而律永久，更難憑臆測以作結論。故非詳察該處形勢，統籌全河利害不可。

古之論治黄河河口者，其主張亦多不一。例如明時（河自雲梯關入海）鄭岳則謂：今不務海口之沙，乃於沛徐吕梁之地形高處，日築隄岸，以防水勢，桃源宿遷而下聽其所之，則水安得不大，而民之爲魚未有已時也。萬恭則謂：海淤之説不可信。潘季馴則謂海無可濬之理，如水以海爲壑，向因海壅河高，以致決隄四溢。談河患者咎海口而以濬海爲上策，竊謂海無可濬之理，惟當導河以歸之海，則以水治水，即濬海之策也。夫下游不暢，則上游易決，此不易之理也。無論海口之宜否疏濬，前人以之所以示我，爲或可不必濬，然以水治水可也。

海口之修治，誠屬重要，而但爲治導下游，排除洪水患害計，則非必要之事也。方氏曾云：依理論而言，海口當首先修治，蓋凡河流治導必先自海口始，以漸次推展向上。然又以法之塞因、英之克萊得兩河爲例，則謂治海口之於治河，不盡有關也。又謂：但以情勢規度，若三角洲暫時不治，大抵須增高其現有之隄，因上段一加治導，此處之洪水位須增加也。又云：黄河入海之口當施一定之治導，無可疑問，但其目的則專在求水勢之改良，候國庫充裕，開封及海口間危險河段保安以後，再爲之未晚也。

方氏以時局之故，未能親歷黄河，及睹三角洲之實狀，故其言有未能適合者。利津寧海村以下百餘里，並無所謂隄防，即初步之治理尚未着手。吾之所謂整理河口，正所以裕國庫，謀生產，籌基金，備專款。然後上游之治理方可進行，不至於中斷也。

查自清咸豐五年河決銅瓦廂，改由今口入海以來，垂八十年。淤出灘地每二年半約可增出一公里，按三角洲寬約六十五公里，合計約爲三百七十萬畝（按淤出之地尚無一定數目，有者稱四百萬畝，有者稱二百萬畝，上數係由估計而來，故暫以該數爲準。）海濱一帶，因毫無整理，魚鹽之利，已無昔日之富矣。

黃河至利津以東，則無正式河道，今年北流，明年則東南，縱橫其間，如入無人之境。利津至海口尚有百二十里，河務局之職權及隄防只至利津東之寧海村，再東則無人知其情狀者矣。後經遍訪地方人士，始得一熟悉河道之船夫，問之，則云已有二年未至海口，大概河現行南道，卽由寧海東南流也。該地情形之隔離於人世者如是。前擬乘船下行親自視察，據稱下行須二日，回程則恐非三四日不可，又以該地之治安不敢保險，以致未得深入，爲可惜也。

今更略述新淤荒地之情形。土壤極爲肥沃，其出產多爲麥豆及花生，每年種一次，實幹並茂。惟以人煙稀少，故未能盡其利。已墾之田，多在濱蒲利霑等縣之境界，亦有升科者，其東則多爲未墾荒地。未升科者，則由人民承租證書有兩種：一爲承墾證書，定二年三年或五年爲試期。每畝納國幣二角五分；二爲所有證書，即承墾試期滿後，於特定期間內換此證書，以憑永久營業，並令每畝納地價一元五角，墾丈費二角，證書二元等費以完手續。霑化之馬場租地，分爲三等：一等每畝一元二角，二等一元，三等八角，（前見報載山東省府決定改變馬場租田方法，未見全文，姑用此數。）閱者必以爲此等荒地已逐漸闢矣，而國家之收入亦必有可觀也。孰知不然！山東省墾丈收入預算年止萬餘元（今年實收較此數爲多，特註。）以此三百餘萬畝之淤地，整理得法，即以每畝收租一元計，已有三百餘萬之數。若再設備適宜，生產可增，則每畝增至二元五角，則每年可有五百萬之收入，較今日之預算，其差爲何如耶？其有裨國計民生又何如耶？

論者謂：河口既有此寶藏，奈何人不注意，且在人烟稠密之山東，而至今尚未開發耶？曰：此正所以可驚也！人民甘願走關東，以捨近就遠。德臨一帶之無恒產者，常於收穫之季，荷鋤耒而往，工畢仍返老家，一若有洪水猛獸之不可久居者，其焦點果安在乎？吾重思之，得其要點六。凡各問題皆非難解決者，要在政府稍爲努力，人民即如平旦之望光明，皆趨附之，事半而功倍也。

一、治安之不能維持也：各地不安，已成我國普遍之現象，非獨此三角洲爲然。以其荒涼，不肖之徒，作爲逋逃藪。愈集愈多，已不堪問。要知人民稀少，與匪患乃互爲因果，人民稀少則剿擊亦難。例如魯西一帶，號稱多匪，近數年已絕跡，固由於省府之督剿，亦借助人民之自衛。若人民自衛團體辦理完善，則匪患可免，而生產亦日益興。廣東三角洲佔全省富源四分之三，每年可出保安費七百萬元。可知有匪患不能認爲阻止墾殖之有力理由。

二、黄河之漫溢也：河口情形，已如前述。洪水之時，三角洲上漫溢爲災，故人民耕種咸感不穩定。人或將謂此問題必爲難解決者矣，蓋以黄河號稱難治，數千年來皆無適當辦法，此漫溢禍患之免除，談何易耶？不知此可論之全河，非可言於今日之河口也。蓋自利津以下尚未實施治理，非不能也，卽最小限度之隄防，尚未修築，而卽以河口爲難治，非滑稽乎？故爲今日計，第一步，卽爲固定該段河槽，則漫溢之患可免，換言之，先修隄以防之耳。利津已有河尾隄工委員會之組織，辦理隄工事宜，惟經費不裕，是以尚無效果。政府若不注意，人民以利害關係，遲早必將使之實現。然河道方向之適宜否，河身寬度之合理否，應卽日規畫，免後日之糾葛。尤有進者，對於此事，政府決不可專靠人民之修築，必自動進行，河口方有整理之希望也。

三、交通不便利也：海口一帶，平原，汽車路之建築，自非難事，而長途電話，魯省之成績亦甚著，且所費至省。下窪（淤灘上之港口）距霑化十五里，距滄縣一百五十里，至天津五百里耳。其他碼頭如埕子口，陡頭崖等是，故此項工程費用不多。

四、無淡水供飲料也：關於此點，因對土層尚無確切張本，不知有甜水層否，可先試鑽探。卽不可時，尙可引河水暫爲應用也。

五、經營之不得法也：現在各機關多注重其收入，非獨此淤地墾丈機關爲然也。以年代已久，積習難除，多係不丈而放，故屢以捨瘠就肥，重複壓蓋，領少種多等爭執相訴訟。而各地之四至不明，多寡之數目未悉，皆由未丈量之故也。

六、土豪之把持也：以前種種困難，皆由此而生，其罪惡實大。彼以經濟勢力，出少數金錢，領多數地畝，並提高租價，轉租人民。凡有爭執，彼必能以其獨有之能力，得最後之勝利。彼等對於一切皆有優先權。久居地方，情形熟悉，而政府所派之經管職員則時常調換，諸事尙有須請教於彼等者，其氣焰更烈。對外則作反宣傳，謂土地之如何貧瘠也，河患之如何可畏也，生產之如何低劣也，土匪之如何橫行也。若政府遣派委員調查時，彼等更利用此等手段包圍，以致此大好富源，竟無人知之，其計已售，而可永保斯土，爲害之烈，不更勝於洪水猛獸耶？

河口之大概情形，已如上述，整理之法，可分爲政治的與工程的兩種。其關於政治者爲改革管理組織，與協同地方剿匪而已。其關於工程者，又可分爲範圍較大，與較小者二種。然須工程與經濟兼顧，則可先按小範圍計畫進行，迨至淤田之生產日增，即可逐漸發展也。

據河尾隄工委員會計算，隄工止需五萬元，但太低薄。既立隄防必須防其漫溢潰決，如此則非一百五十萬元不可，至於其他設施，若道路，電話，臨時碼頭，墾殖銀行等，約需二百萬元（注意：銀行之款，並非開支，惟因其爲開辦費故列入）以三百五十萬元之開辦費，三五年後，每年即可有五百萬元之收入，其生產日增，若能逐漸追及廣東三角洲，有裨國計民生，不亦偉哉！謂余不信，河口非遙，派專家詳加查勘，深入其境，所費又值幾何？我國謀國庫之增收者，多事加稅，鮮及生產，即有言生產者，亦多喜談空論，例如新疆如何富庶，西藏如何開發，誠然其必要矣，國人應知所努力矣；然目前之地，尚未能盡其利，短期內即可有成效者，輒棄之不顧，實屬所不可解者。

若此工程完竣，在地方則可振興實業，增加富源，然事關治河，似應統籌辦理。一切開辦費用，宜由中央治黃經費項下撥支；其後每年之收入，除一部分爲發展地方者外，概作治河經費。若係治標計畫，每年除各省仍按照原有河工經費開支外，增此數目，則決口漫溢之患必可免。若爲治本之圖，則以河口收入作抵，發公債或借款皆屬易舉。故吾謂治理河口，卽所以籌治河之經費。謂河口治，全河得治亦無不可也。

至以黃河作航道，在海運未開以前多仰賴之，近數十年來，雖帆船雲集，已大非昔比，更無論於進展也。黃河善淤，故河槽之改亦速，於施行渠工之前，自難望大輪之進口。然山東一段，河道不寬，昔日曾有天來公司測探一次，直至冀境，並已呈准省府，後以故未果。後友人李君曾擬特造適於黃河之輪船，呈請未蒙採納。然若河口稍加整理，使河槽固定，再修臨時碼頭，則往來於天津煙台之貿易，必有可觀。

然登高自卑，行遠自邇，必先有此小規模之設備作爲基礎，而後方可逐漸擴展，作爲發展黃河航運之基礎也。

漫流則沙停，沙停則墊高，棘子劉之決口，即因尾閭不暢積水所致。一道淤高，則改行他道，其流之迂迴，概可想也。若能築隄以固河槽，則可收束水攻沙之效，雖河口逐年前進，費用亦加，然因新淤之開發，利餘足以補之。如是則流暢，而漫溢潰決之患亦可減。

至於黃河海港之地點，河口附近，似亦非宜，應如何設置，容再研究。

論者或將謂此工程未免簡陋，規模狹小也。然就此小小作起，已有如許好處，愈見此工程之必須與重要也。故吾謂無論就工程上或經濟上着想，皆應提前整理黃河口也。

文中有述及數字之處，其計算概行從略，附白。（二十二年三月於津門）

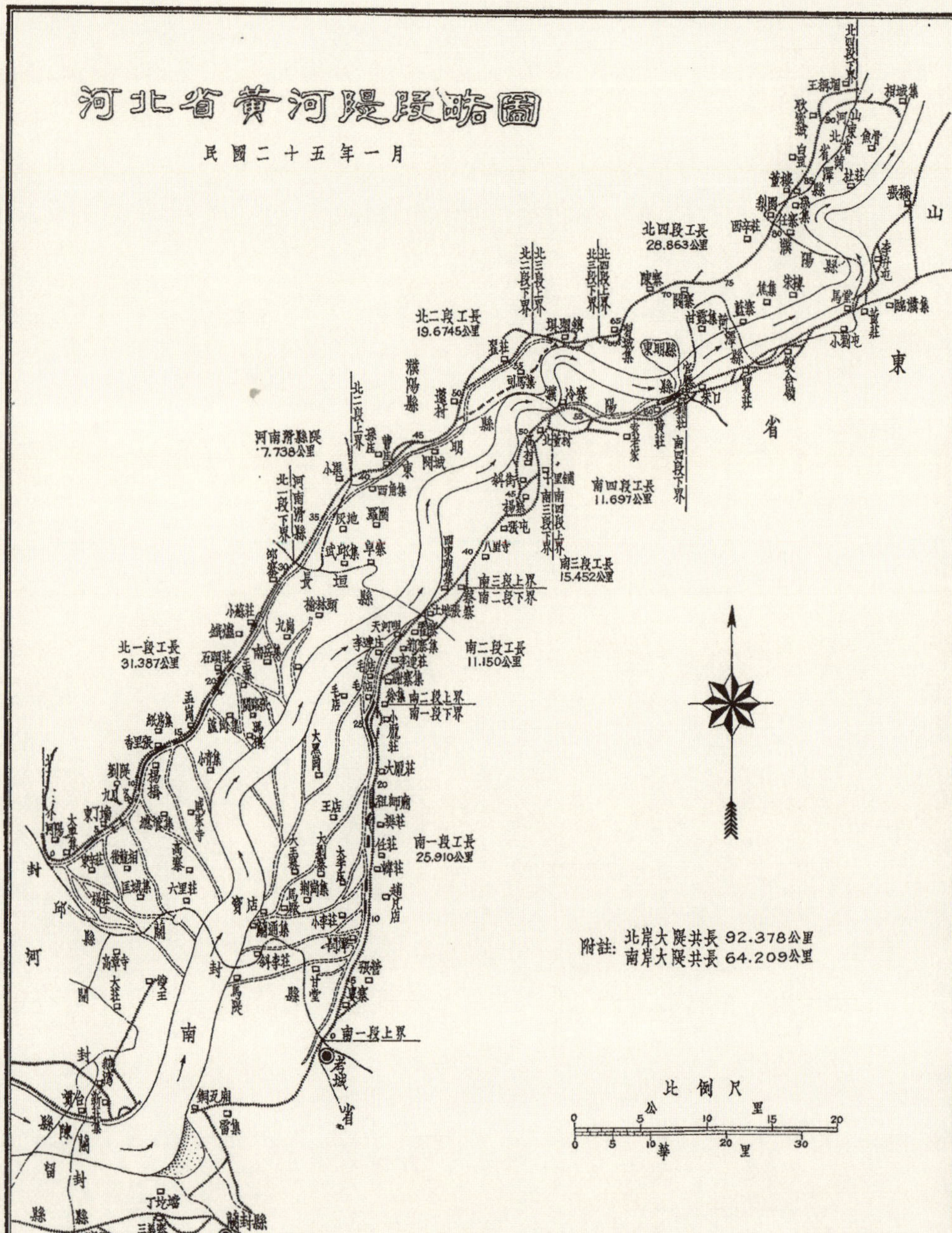
河北省黄河隄段略圖
民國二十五年一月
北四段工長
28.863公里
北二段工長
19.6745公里
河南滑縣段
7.738公里
南四段工長
11.697公里
南三段工長
15.452公里
北一段工長
31.387公里
南二段工長
11.150公里
南一段工長
25.910公里
附註：北岸大隄共長92.378公里
南岸大隄共長64.209公里
比例尺
山
東
省
河
南
省

十一　杜串溝說

黃河在河北境內，南北兩岸防守地段，共長一百五十公里。二十年來，險工僅有二處，卽南岸之劉莊，北岸之老大壩也。他處則河身距隄較遠，無大溜頂衝之患。然近年冀省漫決頻仍，險象叢生者，其故果安在乎？一考究竟，則知其結核之所在，又與豫魯二省不同也。豫省蘭封而下，直至魯省菏澤大隄之間，黃河歧爲三股狀，如「川」字。一爲大河本身，蜿蜒於兩隄之中，此正溜也。一爲順南隄之串溝，自閻潭以至霍寨始入正河，長凡三十餘公里，其下又有串溝，忽斷忽續以至劉莊。一爲順北隄之串溝，上起大車集，下迄老大壩，長六十公里。此二串溝，宛如洩水之副道，以補正河容量之不足者。正河與此順隄串溝之間，則又有橫列串溝，以連通之，形如葉之網絡。其大者，若北岸起自豫省封邱之貫台者，注於冀界之大車集，以次而下若雙王，若東沙窩，若吳寨，若大張寨，若鄭寨，若五間屋等處莫不有串溝，直衝北大隄之東了墻、九股路、香里張、孟岡、石頭莊、小蘇莊各地。又若南岸起自藺通集者，注於閻潭下。此爲其主要者，以次而下，則又有串溝直衝南大隄之小李莊、韓莊、樊莊、大龐莊、小龐莊等地。每遇洪漲，正河不能容納，則由橫串溝分洩而下，直注大隄，勢如建瓴，凡遭項衝直射之處，輒成險工，每致成災。近例若民國二十二年及二十三年之迭次決口，皆由此所致。是故兩隄雖不臨河，而處處皆受項衝之患，必有護岸工作，大汛期間始免生險也。

豫魯兩省皆無串溝之患，何以冀省獨有？其原因亦殊堪研究。蓋正河汛漲漫灘之時，輒先及近河之灘唇，水既漫灘，溜勢驟緩，泥沙卽澱。積時既久，灘唇墊高，漸外則漸低，及近隄脚則愈窪下。此黄河之特殊現象，他河所無也。故常有灘唇高與隄項平者，一考黄河地形圖，卽不難證明。以此之故，每致漫灘，以灘有降坡，則水趨隄而流，水既成溜，則生沖刷，而串溝以成，此黄河之普遍現象，亦串溝造成之主要原因，而冀省串溝之成，亦多由是。此外尚有其他原因。

自咸豐五年（一八五五）銅瓦廂決口而後，蘭封而下，河槽驟降。故豫省流暢，槽亦刷深，漫灘之時少。且兩岸多有土壩甚長，雖有微溜，因土壩之間阻，不至爲患。魯省則民埝之間，距離較近，横串溝既難沖溜成勢，故爲患亦輕。獨蘭封以下，地勢平衍。改道之初，任水漫流，而無正軌。故自封邱、祥符漫注蘭儀、考城、長垣等縣，復分三股東流，如能及早施以引導，或着手堵塞，必不致河槽縱横，如是紊亂。乃當時軍事未定，南北之議相爭，歷二十年之久，始決定使就北道。至光緒元年（一八七五）賈莊大工合龍之後，始引築隄導溜，注大清河以入海。在此二十年間賈莊（菏澤境）以上之河道，必極紊亂，可敢斷言。此爲冀省串溝造成之又一因。

又考長垣、東明、濮陽、菏澤、濮縣一帶，故河之遺迹極多。若濮河之自封邱流逕長垣縣北，又東逕東明縣南，又東逕濮陽縣東南以入濮縣界者，其一也。灉河自東明縣南，折而東北入菏澤界者，其二也。漆河在東明縣北門外，東合於濮水者，其三也。浮水故瀆（一說即澶水）在觀城縣南，自濮陽流入者，其四也。古濟水北支在東明、長垣二縣，南流入菏澤，南支自儀封流入曹縣定陶者，其五也。瓠子故瀆，自濮陽縣南流入濮縣南者，其六也。魏水自濮陽流入濮縣南者，其七也。洪河自東明縣流入濮縣南者，其八也。小流河自菏澤縣流入濮縣東南者其九也。趙王河自考城流逕東明入菏澤者，其十也。此等河道，或塞或通，或湮或存，一遇大水，必各盡其量之能容，分流下洩，而河槽益亂，串溝橫流之勢又以構成。

如人事方面能早設法補救，或不至貽患今日。乃冀省則以河在邊陲，未能兼顧，初僅由人民修築民埝，自行防守。至遜清光宣間乃以直隸大順廣兵備道兼管水利河道事宜。南岸於清末始設東河同知駐東明之高村。民國二年改設工巡長一員。北岸則至民國七年始改歸官民共守，設北岸河務局及河防營。民國八年始組織直隸黄河河務局，仍以大名道兼任局長。至是冀省河政，乃告統一。嗣後又設局長，專任其事，惟以經費支絀，未能大事整理。故初則以組織不完，僅藉民力防守，失之於前。繼則以財力不充，未能充分治導，誤之於後，遂貽有今日之禍。

串溝成因之複雜既如彼，而情勢之嚴重又如此，施以治理堵截，誠爲刻不容緩之舉。堵治之法，可分二種：一使順隄之串溝遠離隄身，免致隄身處處靠險。一則速堵橫串溝，使正河之水，勿再旁洩。

順隄串溝多切靠隄脚，換言之卽隄身處處靠水也。防護之法，惟有使串溝遠離隄脚，以灘爲隄之前護，保障自固。臨河方面之沿隄灘地，可種植蘆葦，藉以擋溜固灘，兼可落淤。蓋蘆葦根深葉密，不畏水浸。如能於臨河隄脚之外，密密種植，溜來則被阻勢減，而泥沙自停落。串溝之溜雖猛，比之大河則遠遜，故蘆葦護灘，足能抵禦。冀省南岸第一段間有之，已著成效，大可推行。不僅費省，且可生利，發展自無困難。再則築壩挑水。若能隔相當距離，修築土壩，並加護沿。其長度視串溝之情形而定。若串溝緊靠隄身，則應築壩及溝之半或三分之一。若全行橫截，則恐阻水下流，必致壅遏，仍使旁洩，或將危及隄身，故可分期挑之。水遇壩而外移，逐移逐接，三四年後，則溝可出隄二百公尺，而灘固矣。此法豫省已採用之，滑縣老安隄（在冀省北岸，豫省插入之地）曾修土壩六道，其長由八十四至二百五十公尺不等，甫及一年，已著相當效果。此外又可作透水柳壩，自隄脚伸出，亦以不阻全溝爲度，既可透水，且可緩溜落淤，費用極省。其作法僅以柳椿兩行，椿上則以柳把編成籬墻而已。冀省南岸第二段曾試行之，效果亦佳，其優點在費省而工易。堵截串溝，横築透水壩以斷之者，恒遭失敗，蓋以串溝之水勢亦甚猛，其流量恒至數百或數千秒立方公尺，既成入袖走溜之勢，只有善於導之，强行阻障，殊不易也。

堵截横串溝以免正河之水旁洩，當爲根本之圖，誠以日久恐將沿此而走正河，則危險更甚。截塞之道應於距正河身較近之處施工。先在灘脣選擇適當地點，於春初桃汛以前，攔溝截堵，並加護沿。若恐一道力量單薄，或遭失敗，可繼築二三道，以爲重障。於春日爲之者，以工微費省，而時間從容。如大汛一到，則趕作不及矣。至其工作，務求穩固，應與堵口工程，同其堅實，庶乎金錢不致虛擲也。

然橫串溝既堵塞矣。灘唇淤高，難免不更自他處另生串溝如是則堵不勝堵矣。是故根本之法仍應於兩岸相度地勢，對築長五百或一千公尺之土壩（或曰翼隄。）則溜不近隄，而患可減矣。（二十五年元月於開封平盧）

十二　黃河淩汛之根本治法

黃河流域氣候不同，其在潼關約爲北緯三四·六度，東行，出河南境則轉向東北，海口約爲北緯三七·九度。故河中冰解之期，斷難相同。河南冰解則順流而下，將近海口則天氣嚴寒，朔風緊吹，冰尙難溶，而所來之冰塊勢必壅積不下。且或重行凍結，因之阻止河流，水位逼高，時有氾溢之患，茲就本年二月十一日以後天津大公報連日登載濟南電訊，節錄之以明其形勢之嚴重。

「魯黃河解冰，上游邵家集、孫家口，九日晨因下游冰塊壅積，河水暴漲，與民埝齊，勢將潰溢。李升屯護埽淩排被冰塊沖刷殆盡，黃花寺一帶民埝多已坍倒，河水倒灌，勢更危岌。」

「陽穀縣長九日電……由邵家集至孫家口計二十五里，因下游冰塊擁積，水勢暴漲，冰面與民埝相差尺餘……」

「齊河劉玉和十日電……河冰逐漸融解……河水陡漲四公寸八分……」

「濼口十日午後亦解凌……」

「連日黃河冰解由上游而下，逐漸解通，乃十一晚解至下游唐家，因冷突又封結，冰塊擁塞梯子壩以上，水陡漲不已。」

「十三日下午二時河務局長張連甲由長福鎮返濟，向韓報告黃河冰解情況。據談此次沿黃河南岸赴下游視察，冰凌解至惠民唐家，突又封凍，梯子壩以上冰塊擁擠，流阻水高，漫溢埽壩，擦毁甚巨，隄根見水者，長七八十里，自李家起至梯子壩止，水漫兩岸，石壩亦沖塌二三丈不等。灘中村房坍塌甚多，較前年凌汛，大爲危急，損失情形爲近年來所僅見，殊令人驚駭……」

「各段長電陳損失情形，李福昌報告：水共漲二公尺。利津周玉美報告：「河冰堅厚，忽結忽停，……馮家冰塊鏟斷大柳一株，……王旺莊由陽（七）日至元

（十三）日早，共漲水一尺五寸（魯省河局已用公尺，想係以此爲單位。）……」

「黄河冰凌無變化，下游唐家解至王棗家後仍封結，以下各段或解或結，情況頗活動。宮家至大田家一段冰解，至大馬家又封結，各段水勢均落。十五日雖稍寒，幸無大礙，現冰解地點距海口尚有四百餘里，解通尚須時日。」

「……王棗家十五日突出險工，發現漏洞，河水倒灌，勢頗危急，現已堵塞轉安。」

「焦作十二日通訊：春氣漸暖，河冰頓開，晝消夜凍，順流積壘，武陟縣屬東南數村鄰近，黄河均於本月六日被流冰擁積，水道阻塞，遂由大隄漫溢數村，麥田盡成澤國，麥收已絕望，房舍人畜幸未受害云。」

以上記載雖非工程性之報告，亦可見凌汛之重要。前述不過其一例耳，已往及將來或大於此，或小於此，總之此問題之急待解決則一也。據稱濼口水位，較去年最高水位低約一公尺餘（去年最高約爲三〇・一公尺。）自以上之記載，山東上游各地已至最高水位，而中下游則似增高二公尺也。

凌汛與伏汛時河流之性質，絕不相同。伏汛溜急，項衝而來，易生潰決之患。凌汛則積冰阻水，流量甚小，其溜亦緩，雖冰塊有時亦能衝壞埽壩，然其最險者爲逼高水位，漫溢隄外，設隄不堅固，經此漫溢或卽再生潰決之險。再則伏汛溜急，含沙量爲全年中最大者，凌汛多在二月，其含沙量幾爲全年中最小者。伏汛之日期頗長，而凌汛之日期則短。自上項記載觀之，武陟之漫溢爲二月六日，濼口十五日後卽無危險，十八日全河已告平安。似此潼關以下緊要時期，約止半月耳。

故就以上情形言之，凌汛之防守，實較伏汛爲易。如不致漫溢，固可慶幸，然冬日地凍，土工不易，稭料亦不若秋日之完備，埽壩亦正需春鑲之修理，一旦漫溢，則誠如「麥田盡成澤國，麥收已絕望」而國家之損失不堪言矣。況吾人治河，亦如治兵，不能只作被動之防禦，必作積極之發展，方能指揮如意，運用靈活，不止防害，兼可生利。秋汛之問題甚多，容當另篇論之。今先述凌汛之治本方法。

山東西段之患，必較中東兩段爲甚，自上項記載亦可見其一斑。惟西段無測量統計，不能依據。今就濼口八年至十八年之水文測量結果略爲陳之。然濼口幾居山東段河道之中部，且該地河槽亦頗固定，此應預爲聲明者也。茲據華北水利委員會濼口水文站之統計，節錄其水位高低，以作參考。此項記錄之採取係以每日最高水位爲張本，每月只取二數，一爲每月中每日最高水位之最高者（以甲表之），一爲每月中每日最高之最低者（以乙表之。）以大沽水平面爲準，高度以公尺計。濼口津浦鐵橋附近，河道切面之情形亦齊整。低水河槽之項寬約三百五十公尺，靠南岸兩隄間之距離約爲一千零八十公尺；河水位至二九公尺，卽溢出低水河槽。南岸隄頂約高三一·五公尺，北岸三二·五公尺。鐵橋底高三八公尺，兩極端之墩相距約一二四〇公尺。

自下表可知凌汛多在二月，而最低水位多在一月或十二月，間亦有在五月者。平均言之，凌汛最高水位較低水時約高二公尺，較伏汛最高水位則低二公尺。

今年亦在二月中旬，惟凌汛高至二九公尺，較去年最高水位止低一公尺耳餘。

黃河濼口每月中每日最高水位表

年	最大最小	一	二	三	四	五	六	七	八	九	十	十一	十二	凌汛最高日期
民國八年	甲			二五·五八	二五·三六	二四·三五	二五·四八	二八·四六	二六·六六	二六·五四	二五·五六	二五·二八	二四·八〇	
	乙			二四·一七	二三·八四	二三·五二	二三·八二	二四·五九	二四·九八	二四·九九	二五·〇七	二四·四七	二三·七六	
民國九年	甲	二五·〇〇	二五·五九	二五·七六	二五·四二	二六·〇四	二六·四八	二六·五〇	二六·八九	二七·九四	二七·九四	二六·三二	二五·八三	二月十九日
	乙	二四·〇一	二四·八六	二四·三二	二四·六八	二四·七六	二五·四五	二五·二四	二五·五八	二五·四六	二六·〇四	二五·七五	二四·三〇	
民國十年	甲	二六·四六	二五·六五	二五·六六	二六·三八	二六·五七	二六·八六	二九·〇二	二九·三八	二八·三六	二六·二四	二五·五七	二五·一四	二月二十五日
	乙	二三·九五	二四·七二	二四·七〇	二五·一六	二五·〇四	二四·九三	二六·三五	二七·二七	二六·三六	二五·五八	二五·一八	二四·三七	
民國十一年	甲	二四·六二	二六·六二	二五·一六	二五·七七	二五·五七	二五·一二	二七·八二	二六·九二	二六·九九	二五·九二	二五·八三	二五·五〇	二月十日
	乙	二三·六〇	二四·六二	二四·六四	二四·六三	二四·七五	二四·五三	二四·九五	二六·二七	二五·七一	二五·三九	二五·一九	二四·七三	
民國十二年	甲			二五·三〇	二六·一五	二五·三〇	二四·九七	二七·三八	二六·四九	二六·九七	二七·三九	二六·二四	二五·八九	
	乙			二四·四七	二四·七四	二四·七九	二四·三八	二四·七〇	二六·六〇	二五·七〇	二五·八二	二五·六〇	二四·一五	
民國十三年	甲	二五·一〇	二五·二九	二五·三〇	二五·七八	二五·七九	二六·四八	二六·八二	二七·三八	二七·七七	二七·七二	二六·二七	二五·七二	二月二日
	乙	二三·七八	二四·三三	二四·六〇	二四·八〇	二四·七七	二四·八八	二五·一〇	二五·四二	二五·一〇	二五·五六	二五·八四	二四·三〇	

民國十四年	甲	二六·〇四	二五·八九	二五·五〇	二五·八六	二四·六三	二四·七三	二六·五〇	二六·四八	二六·四八	二六·一三	二五·六八	二五·八九	二月一
	乙	二四·六九	二四·六二	二四·六二	二四·六〇	二四·〇〇	二四·六六	二六·三七	二七·〇〇	二五·九六	二五·二七	二四·八七	二四·一二	
民國十五年	甲	二五·八七	二五·五九	二四·九二	二五·七七	二五·六一	二六·八四	二七·四六	二六·四七	二六·八九	二六·四六	二七·三三	二六·四六	二月一日
	乙	二四·七〇	二四·一九	二四·〇三	二四·一七	二四·〇三	二四·七四	二四·九〇	二六·一三	二五·四七	二五·〇三	二五·二七	二四·八三	
民國十六年	甲	二六·九二	二六·四八	二七·二三	二六·二六	二六·六八	二六·三三	二七·六六	二七·八二	二七·三九	二六·六七	二五·九九	二五·七〇	二月十二日
	乙	二五·〇八	二五·一六	二五·五三	二六·一五	二五·六五	二五·三三	二五·八三	二六·〇二	二六·〇二	二五·九六	二五·七三	二四·七四	
民國十七年	甲	二五·六五	二六·四二	二五·八五	二六·三七	二五·三九●	二五·四六	二七·九五	二七·九九	二六·七九	二六·二七	二六·四三	二〇·六八	二月九日
	乙	二四·七七	二五·四四	二五·〇二	二五·一〇	二四·七九	二四·七二	二五·三三	二六·三七	二五·三〇	二五·五八	二五·三五	二四·七二	
民國十八年	甲	二六·〇六	二六·七五	二五·五六	二六·三〇	二五·三六	二五·八九	二七·五六	二八·四四	二六·九四	二六·三九	二六·三四	二五·五八	二月十八日
	乙	二四·七五	二五·二七	二四·七九	二五·一三	二四·七〇	二四·七二	二五·三六	二六·三九	二五·九六	二六·〇二	二五·八四	二三·七四	

●爲該月之記錄不完備者

一二月間因有冰，故未測得其流量及含沙量。據內政部黄河河務會議彙刊（二十一年九月）記載灤口最小流量（亦係華北水利委員會報告者），八年爲二二五秒立方公尺，九年二四四，十年一二五，十八年八〇。此最小之流量亦必在水位最低之時。則一月之流量必切近此數，二月間水位雖高，乃由於阻壅，故其流量亦當與此數相近（估計之數目詳後。）換言之卽因此流量之水不得盡洩，逐漸逼高，危險卽因之而生也。若能將此量之一部引導他流，則凌汛之險，可以安然渡過，亦至顯然也。

論者必以引流之方法，地點，及含沙諸問題相質。茲特分別述之。

今先論引流之量。查自前段記載，水位逼高之確切時間不可得。按民國十年一月七日濼口水位爲二三・九五公尺，二十三日爲二四・九七公尺，二十五日則爲二六・四六公尺，二月四日則降爲二四・九八公尺。如是則二十三至二十五兩日之間，水位增高一・四九公尺。又水位二四・九四公尺時流量爲四三八・五一秒立方公尺。今假設在一月二十三日至二月四日間之流量皆爲四四〇秒立方公尺，則二晝夜之總流量當爲七六、〇三二、〇〇〇立方公尺

今再計算逼高水位一・四九公尺所積儲之水量。設以濼口爲起點，其上坡

度爲萬分之一（實際坡度或較小於此數，今姑按此數計算，其錯誤與其他之數字，必相調和也，）則灤口以上受逼，增高水位之距離爲一、四九〇〇公尺，設河寬三五〇公尺，則逼水之總量約爲三、八八五、一七五立方公尺。換言之，被阻者才百分之五耳（亦可謂流量減少其應有者百分之五。）

據民國八年至十八年間之統計，以十年一月二十三至二十五日之水位逼高爲最驟且大。又如十八年一月二十七日至三十一日四日間增高〇・六四公尺，同年二月七日至十八日共十一日增高一・二四公尺。冰凌阻止之水量當爲更小。今年雖較昔日爲高，然日期亦較久，無充足張本，故不敢論其情形。

以上之結論所根據之假設爲：以灤口爲起點，以上之河身亦相似，且無積冰。然則其下所逼積之水爲若干？是則於灤口水位增至最高之時，其下是否水位尚有增高者，則積蓄水量之多寡，將毫無推測之根據矣。然此日既在灤口爲最高，則壅冰必距灤口不遠。再就以上記載觀之，陽穀之電爲九日，齊河爲十日（灤口同），唐家則爲十一日，亦可見此高水位之峯項，逐日下移。又因愈積愈多，故水位之增高常驟，而降落則常較緩也。故吾人不敢斷言八年一月二十五日濼口以下積水之多寡，然決非只因此二日之積蓄。故此數之估計更屬困難。如此則可假定應引出之流量爲三十秒立方公尺（約爲百分之七，）當爲一極合理之結論數也。

其可作引河者，厥爲徒駭河。徒駭河納十五縣之坡水。自朝城、莘縣、陽穀等縣至霑化入海。於二十年疏濬之後，其上游穿運之處可容流量一三〇秒立方公尺。下游最窄處亦可容流量三五〇秒立方公尺。若能於壽張境挑引河約十五公里引黃水以入古趙王河（徒駭河之上游南支，）則容三十秒立方公尺之水，自屬易事。（按徒駭河幾與黃河平行，入海處亦在黃河三角洲上。）

至於引黃河水之方法，頗費研究。開隄設閘，並添修遙堤、格堤以資保護，如陶城埠引黃濟運之設備，實屬可行。然人民畏黃心盛，有談開閘者，莫不羣相驚駭，而阻撓之。例如齊河附近之胡莊有減水閘，傳爲前山東巡撫張曜所修，用以減洪水其開閘後受黃患而死，不如卽時葬魚腹也。只得作罷，留此石閘作紀念而已。故爲順從民情計，亦可應用虹吸之原理，將管一端置河中，他端在堤外，因河中水面高於田地，則河水自可外流，旣無開隄之險，且收分水之效，亦屬得計。開封及濟南低水位皆較田地爲高，沿河他處亦然。今假定水頭爲二公尺（以六英尺計算，以下之數目皆須於測量後方能確實，今不過就他處情形作一估計，以作概算耳，）則約需直徑一公尺之鐵管六。其費用概算如下：

虹吸管工料十萬元；

護岸工料五萬元；

引河購地六萬元；

引河土工八萬元（或用兵工征夫等則此費可省；）

房屋及其他一萬元；

共三十萬元。

論者或將謂用費過巨也。吾人且不論其減少水患之價值，茲就可溉之田言之。開封東阿間極爲寒苦，雨量旣缺乏，土壤又含鹼質，蓋以黃河之變遷多由是也。故沿黃各地，亟待灌溉。能利用此引水設備以灌壽張田畝，其量可灌田三千頃。收穫之大，豈不可驚！

一二月間之含沙量甚少，因有冰凍，故無測量結果，以重量估計之，約爲百分之〇·二（估計法從略）。當無淤澱引河之害。灌溉時期泥沙之救濟法，請參考拙著黃河灌溉泥沙之減除，並可作濾淸池救濟之（詳拙著河水含沙與灌溉之關係一文，載華北水利月刊第六卷七八期合刊）。

古今反對挑引河者其理由有二：一爲田利而河病；二爲引河受其害。前者之代表爲胡渭，其言曰：「自溝洫之制廢，而灌溉之事興，利於田，而河則病矣。……蓋河必多泥，急則通利，緩則淤澱。……」後者之代表爲潘季馴，有人主張引沁入衛者，則謂：……「黄可殺也，衛不可益。移此於彼不可也。衛漳暴漲，元魏二縣田地，每被淹浸，民已不堪，況可益以沁乎？且衛水固濁，而沁水尤甚，以濁益濁，臨德一帶必至湮塞不可也。」

今所論之引河，皆不背此原則。蓋以河水流量小時，其含沙量亦甚少，不致因引水而增淤。百分數最大者，當在夏秋之交，其時流量在五千秒立方公尺之上，則減去三十秒立方公尺，實係九牛之一毛，亦決不至增其淤澱。況雨水盛行之夏秋，當不需水灌溉乎？至於後者，引水以免凌汛，乃在冬春之交，徒駭河已竭，故不至暴漲。在他季雖有灌溉剩餘之水，排入徒駭，然爲量甚微，益之山東北部雨水大時（卽徒駭河流量大時），卽不需灌溉，更不至有所增加。故反對引河之理由，皆不適用於此也。（二十二年三月於津門）

十三　五十年黃河話滄桑

黃河自銅瓦廂改道，垂八十年，東北沿大清河入海，二十年後，山東始築隄防。蓋以其時朝議有南北兩路之爭，經久未決，又值太平天國之役，無暇顧及，遂漫然置之，後由人民自修隄埝，藉以自衛，故山東隄防，乃近五十年中之所修也。現在服務豫冀魯三省河工滿五十年者凡三人，馬君清林，周君玉美，朱君長安是也；三人者皆已七十餘歲。現馬君任山東下游汛長，周君任山東下游段長，皆係光緒十一年到工；余於前年視察下游工程，曾於宮家壩晤之，並略記其談話於拙著「視察黃河雜記」中，惜當時行色匆匆，未得詳談也。朱君現任河北省黃河北岸第三段段長，今夏黃河水利委員會擬製造堵口工程模型，特調其來，監理此事；每於公暇，輒趨與話黃河故事。朱君久於河干，熟於河事，參加合龍者前後二十餘次，靡險不歷，無工不諳，可謂豐於經驗者矣。年已古稀，而精神矍鑠，尤健於談，爰將其語，拉雜記之，以覘五十年間，黄河之滄桑云。

朱君爲山東東阿人，自言於光緒九年（時二十六歲）投王鎮起部入伍，時王爲鎮軍，統兵十三營，駐防膠東。是年中日適有戰爭，王曾率兵抗敵；次年媾和，調其軍五營赴黄河中游，任防守之責，朱君與焉。自是服務山東河工，迨民國三年，堵築濮陽工時，始調往河北。山東中下之隄防，築於光緒九年，時撫東使者，陳公世傑也。

最初河防營之編制，每營五百人，又分前後右左中五哨，外有伕子二百名，防段平均六十七里。時爲營官者，聲勢烜赫，習氣甚深，出必乘輿，扈從蜂擁，行李車膳夫車隨焉。入則高坐，侍者雁列兩翼，屏息而立，一呼百諾，皇皇乎儼若大官也。其養廉每月庫銀一百兩，公費二十兩；然平時兵伕名額止有八成，冬日尤少，僅六成而已，故營官之收入頗豐。惟以朱君所交識之營官，前後不下百餘人，竟無一善其後者；子孫類多流爲乞丐，現在濟南市中猶時時見之。蓋其席履豐厚，嬌慣成性，幼既不學，長爲下流，勢所必爾！且營官多出身武弁，不識詩書，對於教育一途，尤所輕視。朱君謂有某營官，其幕僚一日勸其延師教子，伊詈之云：「汝輩擱筆窮，止依人爲生耳，乃翁何曾學問，而至今日；小兒輩任之可也，焉用讀爲？」擱筆窮者，所以嘲書生者也，謂其賴筆墨爲生，一置筆則窮至焉！觀此可知其餘，其子孫烏得不淪爲乞丐耶？

朱君目擊於斯，力矯其失；有子四人，皆令之讀，長子已學成服務於北甯鐵路，次子畢業北平大學，現長魯省滕縣縣立中學，三子初亦任職河工，今佐其兄於滕縣，四子今在北平某大學習法律，皆錚錚有起色，異乎前人矣。

河防營之兵弁，最初亦尙可用，春夏秋三季防河，冬則從事訓練，兼爲附近村落剿匪，保障一方。甲午之役，曾選調數營，開赴前方禦敵。後乃以久處河干，訓練日弛，器械日窳，遂只供防河，不足言戰矣。迨至宣統年間，人數大減，每營僅二百四十八，今則益少，每段（爲營所改）尙不及百人焉。

前淸河督裁撤之後，下游各省河防之責，悉以委諸巡撫，或沿河道府。爾時撫道之中，對於河務，能赤心任事，爲國宣勞者，頗不乏人：在山東如張勤果（諱曜）李秉衡袁世凱諸人，皆卓卓有聲。濼口石壩，卽張勤果之所築也。（光緒十八年）自是而後，山東河患頻仍，而濼口一隅，獨告無患者，張公之所賜也。張公不惟防河有功，卽其他德政，亦深入民間，故至今魯人稱之不衰。

光緒二十二年，利津西韓家決口，久未堵塞，次年口門水深七八丈，時李秉衡爲山東巡撫，親赴河干，督飭工事；忽傳栗大王至（卽栗恭勤公，歿後封爲大王，沿河居民深信仰之，故如是云云）李命擴之前來，厲聲叱之曰：我乃朝廷命官，來茲督工，爲國紓憂，爲民除患，汝亦應爾，何乃背此？遂命以黃楮爲枷，加其項上；當時壩坍三丈，羣情惶惶，李公不爲之動，其不惑俗見，有如是云。

袁世凱之來撫山東也，適爲光緒二十七年；當時河決屢屢，爲患無已，袁深憂之，卽通飭沿河凡決口出自某段者，則某段營官卽應就地正法；於是全河震慄，無所容措。乃羣請山東藩司，向袁陳情，謂營官素皆忠於所職，且報酬甚薄，如因失事，卽行斬首，則無人敢膺斯職矣。由是改爲如有決口、營官革職，永不敍用，並枷號河干，帶罪效用，俟堵口工竣，始行開釋。故每有決口，而荷枷帶鎖傴僂蹀躞於衆工之間者，必有其人；遇袁巡河，則屈膝迎送，間有向之泣訴者，則曰「此王法，無如何也」。噫！當時不第山東如是，卽他省亦然；不第營官如是，卽督撫亦有所不免；惟法是遵，國家常典，以今視之，不禁爲之愴然！

然玩法舞弊，由來已漸，光緒末年，已寖生弊端。朱君言：光緒二十九年，山東巡撫周某以下游多事，特調永定河督辦郭旭充任下游總辦，期收駕輕就熟之效。郭某又自永定河調來人員多名；惟以不諳黃河情形，所作之工，悉無成就；如埽前打樁，旋打旋沖，又其所指示之方法，亦緩不應事，結果所來人員，皆被痛責遣散，然所費公帑已不貲矣，時搶險費開支五十萬兩。比近安瀾之際，利津寧海又決口二百五十丈。周某查河至此，勃然震怒，責郭曰：「余自永定河調爾前來，畀以治河專責，本期安瀾無事，乃開支五十萬兩，今又告決，吾實不能與爾分過，請自籌款堵塞可也。」郭某聞之，出涕而言曰：「大帥如不能施恩成全，則總辦只有投河而已。」周亦無奈，二人相與躊躇，欲蹈河以殉。適有臬司某在側，因獻計云：「事不必急，所有費用，堵口時自可彌補。」後卽由該臬司督辦其事，至十二月合龍，報銷一百五十萬兩云。

光緒年間，山東決口之慘，無如二十三年利津王家莊之決口。正月初三，凌汛驟至，村民猝不及避，死者二百餘人；事後尙掘出女屍抱兒，作哺乳狀。

光緒九十兩年所修之隄，高一丈二尺，底寬九丈，頂闊三丈；至十三年始植樹護隄。其時工新土浮，護岸不固，故決口之事，幾於無歲無之，而保護之法，又全用稭料，亦收效甚微。十七年始試用石料護岸，並採取掛柳搶險之法。

山東調用民夫搶險，成績優著。當光緒十七年歷城，及十八年濟陽之搶險也，各有民夫二千人時張勤果公巡撫山東，又派兵一營以助之。人民服務河干，皆自裹餱糧，國家無分毫之資助，然皆踴躍將事，毫無怠意。伐木運土之苦工悉以任之。不第此也，爾時樹株底徑滿一尺以上者，價約京錢十餘千，而公家僅發制錢五十文，小於是者發二十五文，而人民不爭焉；其意蓋以若不決口，則受益至宏，不必較此錙銖，其風俗之醇與明識大體如是。

民夫對於河工，既無訓練，且乏經驗，故堵口不能用之，亦不能用卯工（短工），以其工作少而耗費多也。以前堵口，如人不敷用，尚可臨時招募，以官長率之，每工發一號衣，以資區別，並分棚分哨，藉便指揮，非若卯工每日計人付資之煩矣。

伊時沿河縣官，對於河務責任重大，故隄岸防守亦慎，以濱蒲利等縣言之，每屆廢曆端陽節時，縣官即督飭民夫上隄，晝夜防巡。每二里設一屋，隄根不見水時，每屋二人，見水則增至十人，至霜降後止，歲以為常。上隄民夫按里攤派，由各村首事（村里長等）管理之。惟縣官以責任之重也，故其對於河防營之不敢輕視，而極力交歡營官，待如上賓，乃時移勢易，今則已矣。

清時黄河決口，按例則有七人負責，卽承防、分防、營官、哨官、提調、會辦、總辦是也。決口之後，各摘去頂戴，另由上憲委人代其原職，而各該員等仍須留河助工，藉贖前愆。凡督官員所住之屋，皆係草舍，簡陋不堪；蓋一以自罰，一以示與民同甘苦也。總辦之屋，僅秸牆茅頂，天寒之時，重障一蓆足矣；至營哨等官之所居，則只有窩舖而已。

七人之中，提調之職，最覺清閑；僅司上下巡查之責，有如今之視察員，多以同知充之，間亦有以知府充之者，惟甚少。以其清閑，故當時歌以嘲之云：「提調提調，胡鬧胡鬧，大汛一來，不照不照，見了委員，照料照料，見了哨官，做埽做埽，看工完了，三聲大炮。」不照者，不妙之意也。按提調之設，原甚重要，河上語云：提調總兩壩事，與總辦同，尤以能任勞怨爲要。此殆專指其堵口時之任務而言，然於斯見其重要矣。蓋以後日之歷任斯職者，多泄沓從事，不肯負責，故久而爲人所輕，歌謠因之以除提調視察之外，每屆春日，又派委員沿河檢查水溝浪窩鼠穴獾洞，及隄上土牛等，皆一一勘視，不敢稍忽，亦要舉也。

黃河工程，今已逐漸進步。如以合龍言，最初用外邊壩（臨河）後改爲裏邊壩，繼又改爲單壩，即獨龍過江，由後戧坐根作邊壩，較前遠勝，然亦按實際之需要而定其宜也。曩時合龍，多在冬春兩季，一則因決口後，稍加籌備已至冬日，再則屆時水退，工作亦易耳。

朱君任職河務，五十年間，參加合龍二十餘次，而所轄段內，一未出險，雖云天幸，亦由其任事勤敏，防護周密所致也。茲將其參加堵築之決口，臚述於下：

光緒十年，齊河北岸李家岸決口，十一年二月初合龍。

光緒十一年，齊河北岸邱家岸桃汛決口，五月底合龍。是年秋，歷城章邱交界南岸之埽溝決口，十二年正月合龍。

光緒十二年，章邱濟陽交界南岸之衆心莊淩汛決口，三月底合龍。是年秋濟陽北岸葛家店，歷城南岸河套圈決口，至冬季合龍。

光緒十三年，濟陽北岸王家圈伏汛決口，口門寬二百餘丈，後以河南鄭州決，水自涸，始得堵合。

光緒十四年，濟陽南岸大寨及南岸四王莊二處決口，次年合龍。

光緒十七年，歷城師家塢決口，此次搶險敍功，朱君升爲隊長，統率百人。當時搶險，工料極感缺乏，至拆廟宇取材，仍感不給，乃採用掛柳之法，頗爲著效，山東之用此法自此始。

光緒十八年秋，章邱南岸扈家岸，濟陽北岸三里莊，惠民北岸桑家渡，南北王皆告決。朱君所參加者，南北王一處也。

光緒二十二年，利津北岸台家窪，趙家菜園，南岸西韓家告決。是年朱君升哨官。

光緒二十三年，歷城南岸小沙灘胡家岸凌汛決口，是年冬利津北岸扈家灘決口。

光緒二十五年，歷城北岸王家梨行凌汛決口。

光緒二十七年，惠民北岸五楊家，濟陽（？）南岸陳家窰決口；朱君參加五楊家合龍。

光緒二十八年，惠民北岸唐家，利津南岸馮家決口，朱君參加唐家合龍。

光緒二十九年九月初間（慶安瀾時）利津南岸寧海決口二百餘丈，十二月二十八日合龍。

光緒三十年正月初三日，利津北岸王家莊凌汛決口，次年春合龍。敍功朱君加副參將銜。是年秋利津海口以上北岸薄家莊決口因距海近，未搶堵。

宣統元年，濮州北岸馬劉家開口，雖在直隸（河北）而水灌山東，直隸不堵，山東堵之，因上游河務人員無堵口經驗，特自下游調員搶堵，朱君與焉。

宣統二年，直隸孟店決口，爲堵口事特自山海關調沙明亮爲開州解台，因沙任山東河防營官多年，素有經驗也。於是沙乃由山東河防營調官長五人，河兵五十人，前往供役，朱君隨往，公畢回任。民國二年升下游北四營營長，住利津王家莊。

民國二年，直隸濮陽決口，次年朱君被調往協助堵口，自是遂供職河北矣。

以上所述，間有爲書報雜誌記載所未詳者，計決口二十六處，而朱君參加者二十二處。兹更參考他書，補充於下，以見清末以來，下游決口之繁。惟以同一處所村落櫛比，此記甲村，彼記乙村，故不免有重複之處，又因參考資料缺乏，亦或有遺漏之點。

咸豐五年六月，銅瓦廂決口，自是改道北自大清河入海。

同治二年，曹州漫溢。

同治五年，河南胡家屯溢。

同治七年，河漲沖決山東趙王河之紅川口。河南之滎澤汛亦溢。
同治十年，河溢鄆城。
同治十二年，東明石莊戶決口。又老王戶鄧樓漫溢。
光緒元年，菏澤賈莊大工合龍（按即石莊戶決口）。
光緒四年，東明高村口漫溢。
光緒八年，歷城桃園決口，北岸到處漫溢。
光緒九年，齊河顧家溝，歷城魯家莊，劉七溝，徐家莊，齊東船家道口等處，先後於伏秋漫決。濟陽曹家莊，齊東壩河西岸馬家莊，蒲台四圖趙莊，許家溝等處皆於霜降後漫決。
光緒十二年桃汛，章邱南岸吳家寨，濟陽十里堡，安家大廟皆漫溢。
光緒十三年，河決鄭州。
光緒十五年三月，利津南北嶺下游韓家垣漫口。齊河張村，歷城西紙房，章邱大寨均先後合龍。

光緒二十一年正月，濟陽北岸高家漫溢。六月利津尾閭北岸呂家窪，齊東南岸北趙家，壽張南岸高家大廟等處先後漫溢。

光緒二十六年，濱州張肖堂堵口，三月合龍。

民國二年廢曆六月，濮陽北岸決口，至四年五月合龍。

民國六年廢曆六月，長垣南岸范莊決口，九月合龍。

民國十年廢曆七月，長垣南岸皇姑廟決口，至十月合龍。又利津宮家壩決口。

民國十三年廢曆七月，長垣南岸郭家莊漫口，至十月合龍。

民國十四年廢曆六月，鄄城南岸李升屯決口，十五年三月合龍。

民國十五年廢曆七月，東明南岸劉莊決口，八月合龍。

民國十七年二月，利津棘子劉決口。

民國十八年正月，利津扈家灘決口，又七月南岸黄莊漫口。

民國二十二年國曆八月十二日溫縣北岸，蘭封南岸三義寨，考城南岸四明堂，長垣南岸二分莊，北岸石頭莊等五處，共決五十口。

民國二十三年國曆八月十二日長垣九股路一帶潰決。

光緒九年以前，山東中下游，既無隄防，故無所謂沖決，只有漫流而已。其記載之少，固不待言；卽以上所述，八十年間，決口七十餘處，平均言之，幾至每年一次矣。當黃河之初次改道東流也，下游旣未設防，宜其漫溢之多；夫如是則上游之患自少。故河南雖在淸代，河患最烈，然自北徙而後，除民國二十二年外，僅有三次；嗣以山東之隄防漸固，而決口之次數遞少。民國而後，漸移至冀魯之交矣。今則又上而移於冀豫之交，不數年後，或更進而完全至於豫省，亦未可知；故河南之隱憂，正未已也。實因流水不暢，河槽淤墊有以致之。然若三省同增隄防，僅於顧標，而黃河全身不汲汲施以根本治導之策，隄防雖固，淤墊不止，不決則已，決則改道之患，恐不免矣。此非危言聳聽，亦非杞人憂天，蓋徵諸已往之歷史，驗之河身之變化，而勢有

必然者也。（民國二十三年九月於開封）

治河論叢

十四　李升屯黃河決口調查記

十四年夏，山東黃河上游臨濮集附近李升屯民埝決口，致水流逼近大隄，故壽張境官隄黃花寺等十餘處之險，接踵而起，驚波駭浪，洶湧數百里，生命財產損失無算。河務局數派職員調查估工，以備修築，英以局外之人，曾被邀請參與其事，乃略記之。

時余居曹州，距黃河僅五十餘里。十月十七日，適下游局

第一圖

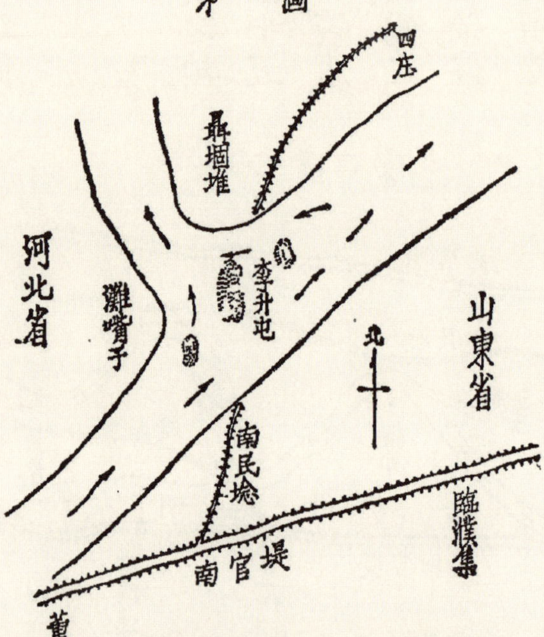

李升屯黃河口門草圖

長率領各股長過曹赴李升屯調查，準備估工，邀余同往，欣然諾焉。

此行也頗懷戒心。出發之前一夜，曹州城內突被搶掠。以多數軍隊駐防之地，尚復盜賊橫行，曷勝浩嘆！及離城二十五里至小留集，又聞昨夜該集內搶去錢店三家，煙店一家，并架去肉票若干人，爲之悚然！至臨濮，又知集外遊人，亦時被架，益爲惴惴！幸匪亦有道，對河工人員，尚留餘地。前曾有王技師者，被擄旋卽釋放，此一證也。

第二圖

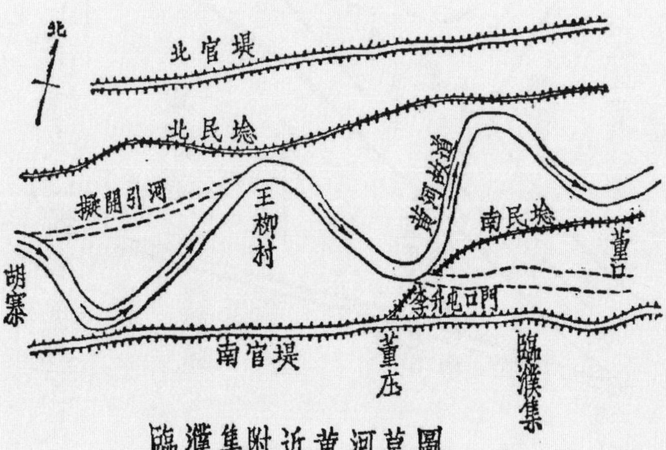

臨濮集附近黄河草圖

黄河之隄，分官民兩種：官隄歸政府修理，以保隄外之財產，其建築護養，均歸政府;官堤相距甚遠,自十數里至百里不等,其間亦多肥壤,故人民又築民埝於大隄之內,以禦河水,而便種植。官隄民埝之間寬自數里至四五十里不等,其間住戶極形稠密,鄉村集鎮一如他處。李升屯之決口乃開自民埝,水流泛濫,災及濮、鄆、范東諸縣,其慘苦之狀,有不忍言者。

出臨濮寨門,稍北行,即黃河大隄;高約二十尺,頂寬二十五尺,坡度約一比二。余輩極目所至,僅見半枯垂柳,他無所睹。據云災民均已奔散,住戶大減 但 迻 料(高粱稭)之馬車,絡繹不絕於途。

登隄北望,則飛沙茫茫,白色映空,殘木枯樹,渺無人影。大隄附近之水,雖已退去,而濺沙之多,實出意料。柳樹幹部,盡皆沒入泥中,只餘柳條一二,現出地面;高粱則全身陷入,間有穗頭露出而已。昔日村莊,今成沙土澤國之慘,良可悲矣。

過大隄而北行,約三里至李升屯口門,昔日之李升屯者,今其地適當急流之衝,民埝開後,水滔滔自西南來,直下東北。民埝決處,寬約三四里,最深之處,有達十五尺者，平均約在六七尺，水流分二：一經故道，一則直流東北；但前者較小，大部分則由新道而流矣。

下游情形更險，距李升屯約二百餘里處，河決於黄花寺大隄者五處，決于黄花寺民埝者四處，危及黄河南岸，更無庸言。黄花寺諸處決口，實李升屯口門有以致之。

歷勘李升屯口門數日，同人等均以引河，截流壩，挑水壩等等諸策，皆可用以救急。茲就初勘商討之可能修築辦法，及其利弊略述如後：

一　修引河於董口

水之故道，自董莊向北流，漸近北民埝，折東南行，而至董口，乃折而漸近南民埝。自李升屯決口後，東流則沙淤水淺，河面極廣，如能於董口，穿過民埝，修一引河，連絡李升屯新道及董口以下故道，以順水勢，頗爲得力。惟董口附近民埝官隄之間，水勢甚大；設隄防水，工程浩大；且長約二十里，取土無由，殊多困難。

二　自胡寨掘直河道至王柳村

改直河道，水勢可順，使水流直下東北，再東繼續開道，其法亦甚可採；但三十里之引河，數十里之民埝，恐未易言之。

三　設截水壩於四莊附近並設挑水壩於河之東南岸

南壩以上，溜勢側注，至四莊有回溜，漸歸故道，惟水流大部仍趨東北。若設壩截四莊大溜，則聶堌堆之東，四莊之南，成爲靜水，逐漸淤澱，水流勢必趨向舊道。若再由南壩以上修挑壩數道，逼水趨向故道，並使剝蝕對岸灘嘴，河流之弧度亦可減少。惟截水壩須橫截水流，工程不易，稍有意外，便成險工，加之聶堌堆適當水流之衝，亦有沖刷之險。至於旱隄之修築，以地多新淤，沙土根基，難期穩固；此吾人所急應注意者也。

四　退修截壩於四莊之北而掘引河于聶堌堆及四莊一帶

聶堌堆一帶地勢甚高，引河有四五里之遙，既有第三法之害，復有第二法之短，殊無足取。

五　接修原有民埝兼築挑水壩於河之上游

若將決口民埝合堵連接，再以挑水壩逼河流回故道。以截壩較斜，工程較第三法或屬易舉，壩雖較長但無旱隄之修築。再用挑壩，水流亦可逐漸沖刷新灘，藉復原狀。此法所用截水壩較長，時日必久，材料亦多，亦應考慮。

六　挖引河于灘嘴子加設截水壩

自小劉屯一帶，修挖引河，河長四五里，挖掘尙易；惟地屬河北，間有莊村，交涉困難，當可想見。

上述各法，利害參半；最後決定，尙待來日，蓋以在工程上，經濟上，人事上，必皆經詳加勘估計算，方可言定，非匆匆二三日所可斷定也。然黃河爲患，無歲無之；我國治河之法，有防無導，似非善策；加之治水，省自爲政，各不相謀，欲加通盤籌算，事有未能。且一切水文記載及測量詳圖，均感缺乏，亦憾事也。（民國十四年十一月於曹州）

按黃河於民國十四年決口於李升屯，次年堵合。二十四年又決於董莊，先沖民埝，次決大隄，大溜轉趨蘇省。李升屯之堵口計畫，卽與本篇第五法大體相似，卽接修上游原有民埝，幷於上游南岸築拋水壩是也。董莊之決，卽在李升屯合龍處之南。今日論董莊堵合計畫者，亦謂不外上述各策。然黃河之患，已促起國人之注意，政治設施，又較前大爲進步。材料之運輸，益形敏捷。水文之資料，愈以豐富。則昔日所感之困難，日漸減少。而方法之選用，自易著手矣。

民國二十五年元月識

十五 視察黃河雜記

二十一年十月，國民政府特派王應榆先生為黃河水利視察專員。王先生邀余陪同視察利津至孟津一段。於十月十六日起，十一月二日止，凡十八日。爰就沿途所見，拉雜述之，以供參考。至視察報告及工程計畫，當另文為之。茲僅述此段黃河之概狀，及雜感而已。

十月十六日早六時自濟南寓所，至膠濟飯店，會同視察專員王應榆先生，及其隨行祕書王柏臣，山東河務局工程科長潘萬玉，分乘汽車兩輛，於七點鐘奔赴濼口東之葛家溝。於該處登船，船身頗寬大，有房間二，一寬三公尺半，長五公尺，其他則半於此，均高約二公尺半，兩旁鑲以玻璃，後有廚房，前有下房，下有船艙，蓋山東河務局第二號船也。據稱為前山東巡撫張曜所造之紅船，專供視察河道用者，已近五十年矣，實爲黃河最安適之旅船。船上有船工十五人，臨時派廚夫二人。

登船後以廚夫購菜尚未返，又回岸視察葛家溝險工。石壩甚固，現在水位爲二九・二公尺，今年最大時爲三〇・一公尺。黃河之所謂險工者，卽在河身弧形之凸方，正溜走於斯，直頂河岸，易生潰決，負河防之責者，所必須嚴防之處。西望則津浦鐵橋橫跨黃流，白帆映日，鵲山遙峙，風景絕佳。

自葛家溝下行，則河道北曲成一大弧，然距北隄岸尚遠。北岸地面淤灘，約較現在水面高二・五公尺（其時水面較本年最高差〇・九公尺）岸上之樹，似爲三十年所長成，則其時之最高水位追爲此矣。此段南岸多石壩，而北岸甚少，一則河身多趨南岸，再則距濟南愈近，而保護之亦愈切也。因此念及黃河之治理，歷代重視，今則江、淮年有大工修治，而黃河則僅有尚未成立之委員會總理之，亦或因國都南遷之故歟？然黃河不治，淮河必受其害，治黃尤重於治淮也。

河溜兩弧之間，較直部份，常有淦如海浪，成波動前進形狀，或由於此部河底之高低不平所致。自河中取水於玻璃瓶中，使之沈澱，所含泥沙，以體積論，約爲百分之五。然此不過約略言之。就華北水利委員會之測驗，民國十年陝縣最大含沙量爲百分之一七・〇七（以重量計）最小爲〇・六六，灤口最大爲一・五五，最小爲〇・三七。民國十八年陝縣最大含沙量爲百分之二二・六二，及最小爲〇・一五，灤口最大爲六・八一，最小爲〇・〇五。俗傳「一石水八斗泥」者，或係於決口處水過一丈，可淤八尺之謂。亦或極言其多，未必即爲事實。

船抵濟陽，登岸視察。此地因河溜常變，而護岸工程，亦隨之變更。今年之爲險工者，雖拋石搶護，費盡心力，期其常久，孰知異日河身變動，而前功盡棄，不得不另謀新工。如是則固定河槽，誠爲治河之要圖也。

沿河兩岸，多爲鹼地，面積不等，狹者百餘尺，寬者三五里，至王棗家亦如是，惟多生葦草。此等地帶，宜於放淤，一則可以肥田，一則可以減洪。放淤求其安全，莫若用虹吸管，既可防黃水之沖決，且工費有限，管理便利。惟人民難與圖始，而政府又無暇顧及，致有利之事業，不克進展，良可惜也！鹼地雖亦徵糧納稅，而每畝地價不過三五元。若施以三年之淤，變爲肥壤，則增價十倍。兼之逐漸淤高，鞏固隄防，一舉兩得，宜早圖之。

玉棗家是日之水量，據報爲二〇・三四公尺，濟陽爲二四・八二，相距約五十公里，則河面坡約九千分之一。下午四點到清河，登岸下行，忽狂風大作，被迫回船。是日因風向順利，故行二百七十里，船中飲食起居均極安適。

山東段現下河身之寬，約爲二百公尺，雖極大水位，亦不過二三公里。

十七日早七點自清河起程，九點半至蝎子灣，風甚大，船不能行。下午三點半始東去，六點半至王旺莊，沿河工程，皆甚整齊。當晚宿於王旺莊，凡行約一百里。

護岸工程已漸改用石料，良以所用稭埽（即以高粱稭，用繩細之，逐漸下水，用以護岸之物。）多不耐久，且鬆動易於沖走。據云：昔日曾有提議採用石料者，因河工人員皆忌用之，故未實現。蓋以用石料則不易出險，不出險則無發財之機會也。此言雖近於虐，然亦不無原因。

人多迷信，例如對於某山因風水關係，石不可採。自肥城運石至灤口，每方（鬆方以下皆同）十元，內石工三元，運費七元。若用灤口附近之石，雖人工較昂，五元當已足用，然以迷信之故，多不能開，而消費亦增。

於王旺莊遇老河工現任汛長呂振東者，年六十一歲，於光緒十八年到工。此外尚有周玉美及馬清林者，皆係光緒十一年到工，爲服務河工最久者。今就呂振東之談話，略誌如左：

『於光緒十八年當兵，至民國元年升官，光緒二十一年在蝎子灣搶險，時無石壩，均係稭埽，無石則易於走埽，今則石先護基，而全埽甚固矣。光緒二十二年大工爲西韓家，二十六年馬張家，二十七年王楊家及陳家窰，二十八年劉王莊等二處，其時約每年一次險工。每營三百工，又有二百夫，（夫係短工）今則不及五分之一（按營已改爲分段。）順鑲（言埽）則只顧眼前，項鑲則仰臉及栽頭（皆埽之不得法者，）必按症下藥，相機而動，以平爲準，做埽無善法，全憑土壓。埽如船，土少則不穩，太重則不浮，埽之樁如骨，繩如筋，料（卽稭）如肉也。』

以稭埽作護岸之用，傳自河南，其劣點甚多，據潘科長所稱有六：（一）每年必加鑲，太不經濟。（二）稭埽比重太小，易於浮動。（三）若埽上加土太多，雖可免上項劣點，但埽身臨水一面不能做成收分，河流易成迴溜，而刷深埽基。（四）鑲埽之處，多係被溜淘刷塌坍之坡，則埽之重心，必在上部，而不穩定。（五）所用之繩爲以作依靠及連絡稭料之用，若埽被土壓，稭緊而繩失連絡之效，故易走失。（六）以土壓埽，水來則易沖去，其效失。故稭埽實有改良之必要。然亦有其利益，山東河南一帶，產高粱甚多，價廉而易取，若於大險之時，以之搶險，實較其他方法經濟，而效率且大。余意埽之用途，不過如是耳。

十八日早七點自王旺莊開行，其南岸埽工甚佳，河身愈下愈窄。至宮家壩，爲民國十四年決口處，此工於民國十四年十一月由亞洲建築公司承修，開工，十五年七月竣工，共用銀一百五十萬元，較之我國估計四百萬者，所差甚巨。昔日估工，竊意其不甚合理，多憑主觀，缺乏根據，惟定於河務當局之一言。此工之足可述者，爲西法堵口第一次應用於黃河也。我國舊法堵口，則自決口兩端，（卽新決河道兩岸）將料石自兩端下水，逐漸向中間進行，名曰進占，如是愈進則口門愈窄，水流愈急，河槽刷深亦愈烈，則其工作亦愈難，故常至兩端逐漸接近時被水冲去，前功盡棄，因此料之走失者，不可數計。如能兩端相接，則謂之「合龍，」此等作法，似與水力學原理不合。宮家壩口之作法，則係先橫過此新決之河道打木樁，上鋪輕便鐵道，所有石料，則由軌道下倒，平均自河底逐漸塡高，先成一水面下之攔河壩，此時之溜必較小，以後漸塡漸高而「龍」易合矣。然當新用此法之時，河工人員皆反對，並多料其不能成，守舊之心，亦太甚矣。

視察宮家壩工程及舊河道，有分段長周玉美及汛長馬清林同行，馬年七十五歲，在河工已五十餘年。於九點三刻離宮家壩，馬君在船上之談話如次：

『原在河南工上，光緒十一年山東調河南標（標係河兵組織，與河防營之意同，惟其大小組織略異）教授山東兵勇至十三年河南標在山東卽不甚得意。同年曾赴河南堵鄭州決口，該次決口經老黃河南，東南行入運河，此爲河南最後一次決口。河南省兩堤甚寬，暫時不至決口，然易淤，一決卽不可救矣！當初來山東時，河工無石料，年三四決。光緒十七八年有用石料者，惟甚少。再則因大淸河身不順，屈曲太甚，亦易生危險。光緒二十七年，石料，磚窰及沿河電報，均被先後採用。二十九年利津以下工防始退至寧海（利津東三十餘里）以前其下尙有二十餘里，設有營副，後則因其人性少野，河決亦無防事，處理又不易，故放棄之。河口一帶曩時產鹽，今因淤高已無。此段以下至海口，似應添設工段，以資防守，如能屯田更好。』

聞此老者之言，甚有感焉。河南一段河身甚寬，（其時爲五六里，大水時爲十五至二十里）河挾泥沙而至，必淤澱於斯，河流必極散漫，洪水一來，則生危險。故黄河六大變遷決口之處皆在河南東部，此應注意者一也。寧海以下近百里，無人治理，河口情形無人知曉，卽河工人員亦罕至此，故河水漫流於三角洲，非不能治也，特不治耳，此應注意者二也。

於十一點至大馬莊，距利津八里。利津各界皆來歡迎。本擬直赴海口視察，以河道情形無人熟悉，較大船隻不能進行，回程又甚遲緩，計非三日不可，且土匪甚多，地方人竭力勸止。不得已乃覓熟習河口之船家一人，名劉昭德者，詢問之，據談：

『已有二年多未至海口，距寧海尙有一百一十里地。現河走南道，卽自寧海東南去也。大水時河身水深十二尺，小水時四五尺。水面現在地下三尺，潮水影響利津，約一尺餘。陡崖頭在毛絲坨潮水界，可作碼頭之用，淺水四五尺。滔滔河水，深可行船，平時八尺。河上游距徒駭河四十里，下窪碼頭距霑化城東十五里，有輪船名小白皮者赴天津。下窪至滄州一百五十里，其西北四十里爲埕子口，亦一碼頭也。海灘葦海岸附近（潮界一帶約二十里）長蘆葦荆條。南至新河，北至下窪，長

「二百餘里，寬三十里。潮界之內產豆，每年一季，茂甚，按小畝計，每年一畝可收三元餘（注意此乃未墾之地也）。漁船最大者爲四十石，約千隻，每船三人，每船每年收入自數十元至千元不等。船至天津、大連。魚以梭魚及蝦爲大宗。除受潮水影響者，海灘約四百萬畝，寧海以下如修隄防，則荒地可無泛濫之患，而河口亦固定矣。」

關於海灘新淤之四百萬畝荒地，昔日亦曾研究之，今由墾丈局總務股長史泉如，中國紅十字會利津分會理事長王如漢，河尾隄工委員會主任委員岳光桑及其他職員之報告，與探訪之情形，則知此海灘，實一富源也。然山東人民多渡渤海走關東，何以棄此地而不開放發？其原因甚多，而大者約有數端：（一）治安不能維持也。各地不安，已成普遍之現象，非獨此三角洲爲然。惟以其荒涼，不肖之徒，尤多聚於斯，愈集愈多，遂爲逋逃藪。現有聯莊會辦理剿匪事宜，亦駐有軍隊及民團，惟人民稀少，與匪患乃互爲因果，故剿匪亦難。曹州一帶號稱多匪，數年來已絕跡，此無他，人民能自衞耳，若人民自衞團體辦理完善，則匪患可免，而生產亦日興盛。

廣東三角洲佔全省富源四分之三，每年可出保安費七百萬元，可知匪患不能認為阻止殖民之有力理由。又漁業素盛，今亦因此而衰落矣。(二)黃河之漫溢也：河口情形，已如前述，尾閭不暢，不特影響上游之水不得宣洩，而三角洲上亦恆漫溢為災，故人民耕種，咸感不便。然施以治理，亦甚易易，特人民自忽之耳，若能固定河槽，則自無水患。地方已有河尾隄工委員會之組織，辦理隄工事宜；惟經費不裕，是以遲緩，容另論之。(三)無淡水供飲料也：地面之水多鹹苦，故影響居民之密度；至於地下層如何，尚未鑽探。(四)交通不便利也：此係附帶要素，無甚大關係。而最重要者則為(五)管理墾殖之不得法也：政府有墾丈局之設立，已成收租機關。至於放地方法則甚不完善，而弊端百出，試舉其一二。當地富豪往往用經濟勢力，出少數金錢，領多數之地，提高租價，轉租小民。四至不明，常有一地而放給數主，爭執迭起。有權勢者，避瘠就肥，將自己劣地不種，強佔他人肥壤。而當局又不丈量，於棹面上放收，此種強豪把持之黑暗，實為殖民之最大阻力。

淤田有已升科者，有已承租者，後者又分試墾及承墾兩種。以馬廠之地論，凡九百九十九頃，其租分三種，每年每畝一元二角、一元、及八角不等。平均言之，以一元計，已約有十萬之數矣。全淤四百萬畝，稍加整理，姑就四分之一言之，亦必有百萬之收入，爲初步計劃之工程費及治安費，綽有餘裕。故吾謂河口之整理，一則關係工程，一則關乎經濟。此部若能解決，不只尾閭有治，且可以此款爲基金，作治河之用。（墾丈局每年收入只列萬餘元，與開支適相抵，今年收入似增，其實只有九萬餘元之數。）

人民之赴荒耕種，亦頗特別。於種收之期，農夫始荷鋤耒而往，事畢即返故里。農工甚有自德縣臨清一帶前往工作者，作工一季，足敷一年之用。蓋以當收穫之時，人少工多，每人每日工資多至一元或二元，故收入甚豐。豆苗深及腰際，往往取其實，而焚其莖。以人烟稠密之山東，而有此跡近邊漠之景象，亦云奇矣！深願社會人士注意及之。而尤有望於山東父老者，近來關外之路，已被阻塞，昔日之赴關東謀生者，可以轉其方向而至河口，一以救濟失業，一以開發富源，計甚當也。

夜宿利津之閻家船上，有兵士保護。

十九日早六點起床，自閻家乘自僱小汽車，沿隄西行。隄項平整，垂柳夾道，風景絶佳。正値秋收之時，人民頗具殷實之象。下午四點到濟南。

二十一日早七點乘小汽車兩輛自濟南出發，經濼口渡河，二十分鐘，卽登北岸。乘車沿隄西行，同行者除吾四人外，又有山東建設廳測量班長李君潤之及測夫一人。至胡莊有減水閘，傳爲山東巡撫張曜所修，用以減洪水之一部，水經此閘北流，入趙牛河轉於徒駭河入海。人民誓死反對，於閘成之日，皆臥於閘口，揚言與其開閘後受黄患而死，不如卽時死於此也。雖以巡撫之威權，亦莫可如之何，只得作罷，留此遺物紀念而已。減水亦爲治河之一策，人民畏之，終不能成。若初步用虹吸管，不開隄而水可外流無阻，人民必皆歡迎，敢斷言也。

再西爲紅廟，有一百方里之鹹地，稼禾不生，村莊稀少，正放淤之優良地點，山東建設廳已有計劃。或藉此爲湖泊，以減洪水，而資放淤。（地面較低水面爲低。）

經齊河（距濟四十里）而至官莊（又七十里），已十一點一刻。進午餐。自濼口以上南岸皆無隄防，直至十里堡皆係山嶺。北岸防工則甚堅固。自官莊經香山，至陶城堡凡六十里。此爲運河穿黃處，尚有陶城堡閘，北去已無河形，近閘處，兩隄之間，約六十公尺，再遠則隄形亦無據。六十歲老人談：伊十三四歲時，尚見放船，每年兩次開閘，重船（卽載糧者）在六月間，空船約在九月間，此地距臨清一百八十里。老閘在張秋鎭，老閘不用後，改用此閘，昔爲繁盛之區，今則已矣！

臨清以北運河，有衞水入之，四季行船。此段則借黃灌運，每借黃一次，則運卽淤塞一次，來年開運之前，又挑挖一次。閘寬六公尺餘，只一空，以石作成，有鐵鋦子，甚堅固。此閘距黃河尙有五里，其間隄埝縱橫，不辨方向，似爲於引水渠兩岸多設月隄，護隄之類，以防黃河大溜之冲決者。

運河身中已種田，爲官府所售出，且已升科納糧。土地之任意放領，殊不得法，將來修治運河，又多一糾紛也。

此處渡河較濼口爲難，約需時四十分，船兩隻用資八元，亦云貴矣。渡河行一里餘，達十里堡，北門亦有一閘，爲昔日南運入河之處，修於光緒元年，（其時黃河來魯，已近二十年）以前運高於黃，後則黃高於運，恐其倒灌，故設閘以制之。今日運河入黃之處，在距此六十里以東之姜溝，原爲坡水窪，與汶水不通，（南運北部之水，由汶而來，於分水龍王廟汶河分南北流，北來者約三分之一。）後以十里堡爲黃河淤閉，水始自姜溝入河。數年前華洋義振會曾挖姜溝，以疏東平之水。每歲六月間黃水高時，倒漾入運，平時姜溝約寬十五公尺。

東平地勢窪下，故汶河之水流入成湖，每年自六月至來年二月，八個月中，全被水淹，是則與其名爲窪地，無寧湖之爲愈也。是故人民屢興涸復之策，擬築圈隄，則河水不得流入，當以經費浩大未成，十九年雖築之，亦無益。就涸復利益觀之，一年麥收足抵工程費而有餘；然迭經荒亂，自救不暇，又焉能墊支隄費，政府則亦無款補助。以其關係重大，或有工程上之利用，故決定明日前往視察。

至十里堡已四點半，住河務局上游總段，房舍甚寬廣，係前臨清道行署；以其時上游局長爲道尹兼任也。局中人員招待極周。

二十二日早七點，攜同本地老人諶芝蓉同乘汽車赴大金山，視察東平窪地。出十里堡寨門，沿運隄南行，尚有隄形及河身，河底較地稍高，已種麥，由縣政府租於人民，每年每畝租一元。經戴家廟，七點三十分至大金山，因路途崎嶇而窄，甚不易走。至東平窪地之隄，東望則一片汪洋，宛似一大湖泊，湖中有島，莊村在焉。窪地有主，業已免糧。窪地東西皆山，南則不見邊際。據稱南北長有八十里，東西平均十五里，有人口五千，每畝地價約十元或三元不等，可種春麥一季。在隄五六里以外之地，每畝價可三十元，十年中約有三年被淹。

隄以石護根，以大金山附近論，其時湖中之水較隄外之地尚高一公尺。隄頂寬二公尺，高出水面三公尺，爲二十年前人民修築，現在每畝攤兵料錢約四角。災地人民寧願餓死，亦不願外出殖民，一則安土重遷，經濟困難；再則無識之民，地域觀念太深故也。

運河工程局擬涸復一半，他半仍以爲湖。究竟應當如何處理，尙待研究。

回十里堡時已十點，卽起行西去。經黃花寺，尙見民埝決口，淹沒房舍，殊爲可憐。此後卽沿官隄西去，距河道漸遠。

自十里堡之上，隄有官隄與民埝之分。民埝者沿河築隄，爲民修民守，兩隄相距約數里或十里不等，民埝之內尙有小隄，錯亂頗甚。其外則爲官隄，南岸至董莊上與民埝合，北岸入河北省界南官隄距南埝最遠處有四十里。民埝居近臨河，官隄居後，爲第二防線，民埝一失，水勢建瓴，直衝官隄，每連帶出險。民國十四年濮陽境之李升屯，壽張境之黃花寺，皆其例也。實以民埝有時民力不繼，往往出險，故改爲官守，甚屬必要。

沿隄西行，愈形荒涼，鄆城、鄄城、荷澤一帶，較之利津，濱縣等地，遠不及之，沙鹼乾枯，非興水利不可。下午二點至董莊，進餐，遇鞏縣之運石者，據云鞏縣石每方四元。運費三十元，合計三十四元，運一次需時二十天。

下午四點至劉莊，已入河北省界，然其上則犬牙相錯，省界互交。劉莊爲第一險工，水自西北來，至劉莊陡折北流，約只七十五度，故南岸險甚。地在河北，決口則則盡淹山東，故山東人民極注視之。以地域關係，莫可如何。近數年來，劉莊，李升屯，濮陽等工，莫不如是。冀省則以利害之較小也，關係又不若是之切；魯省府既不能修冀省之隄，於是曹屬八縣隄工聯合會因之以興。因地方之利害關係，各縣攤款修築此隄，現所修之石壩，卽爲其一例。劉莊之外，又修一圈隄，而各縣攤款，動輒十餘萬。因生死關頭，不得不如是也。以河道之不統一，人民出此額外之捐，亦云苦矣！各縣攤款，心又不齊，往往於緊急之時，滿口承應，時過境遷，靳而不予，以致當事人受料販工人之追索，苦不堪言。良可慨也！

自劉莊之西渡河，時已五點半，因河面頗寬，且須選擇登岸渡口，於暮色蒼茫中至北岸，乘車行，七點一刻，抵濮陽之河北河務局，局長爲孫慶澤氏，山東河務局工程科潘科長卽留於此，改由孫局長招待矣。

山東於前清咸豐五年，河南銅瓦廂決口奪大清河至利津入海，長凡八百餘里。初時兩岸僅有民埝，並未設局管理。迄光緒初年，山東巡撫丁寶楨奏准黃河統歸山東巡撫管理，分上下兩游，上游爲兗沂曹濟道轄境，下游爲濟東泰武臨道轄境，卽由該道總司其事。至光緒二十年後，始分上中下三游，每段設總辦一員，會辦二員，均以候補道充之；提調二員，以知縣、直隸州、同知、通判充之；文案收支則以州縣班充之，而於省城另設河防總局一所，以現任司道爲督辦，專司支發款項，稽核報銷等事。民國元年裁撤河防總局三游督辦，改稱局長、會辦、提調均裁，每游設分局長二員，旋改爲一員，文案改爲第一科，收支改爲第二科，各設科長科員；然名稱雖更，而權限依舊，不過款項日縮，規模漸狹而已。民國六年，山東省議會提出議案，始將河防局完全改組，廢去局長，設一總辦，成立三游河務總局於濼口，統轄其事，上下兩游仍各設分局長一人，中游事務統歸總局兼辦，從此一省之內，事權統一，無此疆彼界之分。民國七年，内政部改三游河防總局爲山東河務局，總辦改稱局長，辦事處移濟南，其内部之組織則分總務科，計核科，及工程科，各游分局，則按地段共分爲十六營，專司河防之責。民國十八年，改上中下三游分局爲三總段，沿河工兵十八營，改爲十分段。現任山東河務局長，爲張連甲氏。

山東省内南岸官隄，自荷澤朱口起，至壽張十里堡止，又自長清宋家橋起，至利津寧海止，共長五百四十里九分（自十里堡至宋家橋一段二百里，因河濱多山，未設隄防。）北岸自濮縣高堤口起，至利津鹽窩止，計長六百八十九里一分。兩岸共長一千二百三十四里，均由河務局隨時修理，負責防守。間有民埝工程，由河務局酌量情形發給津貼，由民衆自行修守。

山東黄河修守經費，清末每年額定銀六十萬元，民國十二年減爲五十四萬元，十八年爲四十八萬元，其中二十四萬爲河務局段俸薪餉項各費，二十四萬爲全河修守工料防汛各費，由本省財政廳支領，遇有特別工程，則另行呈請。

二十三日早七點沿河視察，先至一擬放淤之區域。又至濮陽特工處，有徐世光渤石，濮陽決口凡用銀五百萬元。河北河務局現有房舍卽係特工餘款所修。論者多言所費總數太大，然時過境遷，亦無法考究。

北岸習城集南小隄決口已渡過危險期，正用拋磚搶護。下磚之法，亦與埽有相似處，卽先以鐵絲編一網，一邊以鐵絲繩繫於岸之木橛上，他邊續編成網，隨拋隨下，磚在網內不致走散。他法則係以鐵絲編成寬三公寸半，高四公寸，長五公寸之長立方籠，盛磚八十個，以代石料，每籠共需工料二角五分。據山東河工人員之經驗，五十斤之石，卽不易爲水沖走。

繼至第七號橫壩，爲河北河務局以束水計劃而試築者，於水高時下稭加土，現水已退，壩基卽高出地面，長約二里，頂寬八尺，擬築高八公寸，坡護以石。此等計劃，似宜兩岸同時並作，否則恐呈挑溜之現象。

正午渡河，河身寬一千公尺。遂沿隄西行，至東明縣境之十三壩，爲民國十九年之險工，亦擬於此處修壩，長四里，尚未動工。

黄河經過河北，亦係咸豐五年事，經濮陽、長垣、東明三縣。南岸長一百餘里，北岸百餘里。南岸河隄建於光緒元年，調大名漳河同知爲東明河防同知，並以直隸大順廣兵備道，兼管水利河道事宜，復調保定練營前軍司黄河工作。民國二年改設東明河務局，及河防營長，仍隸於冀南觀察使。北岸河隄本係民埝，民力不逮，漫決時聞。民國七年爲改官民共守，設北岸河務局及河防營。八年七月設直隸黄河河務局，仍以大名道尹兼之，改兩岸河務局爲分局。民國十八年，改爲河北省黄河河務局，並裁兩岸分局，改設南岸辦事處，及八工巡段。十八年常年經費七萬五千三百三十六元，南岸辦事處全年度六千九百四十八元，春工費九萬元，防汛搶險費六萬七千三百九十一元三角八分四釐，淩汛淩牌費二千九百七十八元七角，冬季臨時費煤炭費三百元，以上各項均由省庫開支。如發生臨時險工時，則隨時呈請增撥。

本擬沿隄西至開封，經河北、河南兩局之報告，謂地面極不平靜，且有一段沙地，車難通行，故不得已改由東明、考城之路。惟此路既非汽車常行之路，又不熟悉路線，甚爲費事。十餘里抵東明，再五十里於下午三點半，至考城，沿途極爲荒涼，流沙遍地，草木不生，宛如沙漠，皆黃河之賜也。沿途雖有軍用地圖可供參考，路徑究不熟悉，每經一村，則鄉人環圍汽車參觀，視爲新奇。詢及道路，則十餘里外之莊名途徑多不能答，大有日出而作，日入而息，老死不相往來之勢。惟地方甚亂，若行至一寨，有時詢其寨名，則倉慌而走，曰『我非本地人，不知村莊名。』一若恐匪徒之按門搶掠者，故行經此段頗感困難。抵考城，則居民稀少，冷落萬分，至一小飯館進餐，未辨精粗，僅就其能供應之蔬菜擇而食之，竟索洋四元，誠彼千載不遇之發財機會也。

日已西墜，距開封尚有一百四十里，故急急前進，經黃河故道，銅瓦廂在其北，因土沙梗阻，且天色已晚，未能前往，殊爲憾事。而隄形縱橫，溝壑羅列，忽高忽低，已不辨奚爲河身，奚爲決口處矣。登頂一望，滄桑之感，油然而生。時已薄暮冥冥，幸已入汴曹汽車路，途間無何困難。進開封時，已夜色沈沈矣。寓河南大旅社，河南河務局長陳汝珍氏來訪，談及已迎數次，並候於城門者甚久，并邀赴大金台旅社所預訂之房舍居住，然以已安定，不便再遷矣。

二十四日上午赴河務局，搜集材料，交換意見。十點半鐘乘汽車視察賈魯河，經朱仙鎮至歇馬營，約七十里，沿途亦多沙地。賈魯河發源滎澤縣東，經中牟、尉氏等縣，由周家口入沙河，再入淮河，爲民國十六年利用民力挑挖者，共開支一萬元，如實按民夫估計，則須九十萬元也，於此可見民力之偉大。山東於十八年秋，即提倡利用農暇，作挖河之工作。數載醞釀，二十年春徒駭河工竣，以土方計之，可值二百萬元。現在洙水、萬福兩河亦相繼竣工，以土方計之，可值四百萬元，悉以民力爲之。當兹財政貧乏之時，若能善用民力，興作有利事業，非不可能，無奈民力多消耗於逃難避災之中矣。

賈魯河以前泛濫爲災，十六年疏浚後，兩隄植樹成蔭，低水時可行船至呂潭，高水時至白潭。約於下午一點半返朱仙鎭，進午餐。朱仙鎭爲四大鎭之一，昔爲交通要道，商業繁盛，數十年間，一變而爲蕭條之區，僅有餐館三五家，及售賣供應神祇之香楮商店數家而已。（門神紙馬於舊曆年前始有交易，今則代售雜貨。）飯後至岳王廟。朱仙鎭又爲歷史勝地，岳武穆大破金人於此，建有關岳合廟，極爲輝煌，現爲軍隊之殘廢院所據，東院之牌坊，雕鏤亦極精緻。三點半返厲，檢閱各種材料，中有河大王將軍紀略，頗有趣，略爲述之。

神道設教，歷代行之，尤於人力所不及時，更顯權威，操縱命運。大禹治水，以其工程浩大，疑有神助，乃尊爲神禹。現科學昌明，揭破宇宙之秘密，神之勢力，早已不存。然在黃河，尙未能破除淨盡。蓋黃水滔天，來勢洶湧，所過之處，房屋邱墟，生命財產，盡付東流，人民懼黃之心，勝於一切，因懼生疑，因疑求解，解而不得其當，乃以爲冥冥之中，有神靈爲之主宰，於是大王將軍出焉。在上者亦利用此等心理，催眠民衆，往往輒奏奇效。例如凡大王出現，則不至決口，決口後出現，則必能堵合，實爲催眠之良劑。每當險象叢生之時，洪水洶洶，危在須臾，民夫搶護，如不見效果，則心懷惴惴，以爲定劫難逃，便意志頹喪，勇氣消失，如忽有大王出現，則爲迷信驅使，精神奮發，工作倍增，而險可守矣。故迷信在沿河民衆中，尚有相當力量，實則人力可以勝天，非神力也。

河大王將軍紀略書中述大王六，將軍六十四。金龍四大王姓謝名緒，宋會稽人，因慨宋室之亡，晝夜泣語其徒曰：「吾將以死報國。」其徒泣曰：「先生之志果難挽乎？歿而不泯，得伸素志，將何以爲驗？」曰：「異日黄河北流，是予伸志之日也。」遂赴水死。後明、清數次加封而爲王。黄大王名守才，清河南府人，頗多神異之行。朱大王名之錫，清浙江義烏縣人，順治三年進士，歷官兵部尚書，都察院右副都御史，晉階太子少保，任河道總督，康熙五年歿於位，乾隆封之。栗大王名毓美，山西渾源州人，嘉慶六年以拔貢生官河南知縣，道光十五年授東河總督，力倡稭埽不固，石料較遠，宜用甎護隄之議，二十年歿於位。宋大王名禮，河南永寧人，洪武中以國子生擢山西按察司僉事，數遷至工部尚書，永樂九年開會通河，及治理黃河，清光緒間始封爲王。白大王名英，山東汶上縣人，明永樂年間，宋尚書用其策，開運河有功，清代雍正、同治、光緒皆有封號。至六十四將軍，皆受封者，其事蹟有可考者，有不可考者。六大王之化身爲蛇，其色形各異，將軍之化身，則爲蛙龜之類。河神不僅黃河居民信之，其他各河流域亦多信之。據土人所談神話尤多，辦理河務者，亦多存懷疑態度，蓋以民衆力量，不可侮也。余以在河之日淺，未得一考究竟，實爲憾事。

二十五日出開封北行，赴十八里處之柳園渡口。開封城之周圍皆沙，正與昨日所見者同，禾苗全無，只有柳樹。開封乃宋都所在，當時決不能淪於沙荒。數百年間，而乃如是，黃河之工作大矣哉！

陳橋在河北岸，居柳園口之東北，約二十里。現在河面寬約五里，大水時可至十餘里，河中多現沙洲，此與山東狀況不同之點也。南大隄以內之地，高出現在水面約六公尺有餘，卽所謂老灘，亦或昔日大水位所淤積者，相傳係銅瓦廂決口前所淤。大隄之外地更低窪。自柳園口渡至陳橋約二小時，據稱此係順風，否則須半日。及抵北岸，於陳橋東四里處登大隄，見一窪地，南北五里，東西二十餘里，其約略高度如下：隄外背河之地，距北大隄頂約十六公尺，隄頂距隄裏臨河之灘地面高四公尺，灘地面距現在水面高六公尺，如此則水面較隄外背河地面高六公尺。窪地鹼甚，草不生長，大可放淤，河南河務局正在計劃中。參觀此處後，卽赴陳橋午餐，已下午二時矣。陳橋鎭內有東嶽廟，內有宋太祖黃袍加身處碑，及繫馬槐。廟東有古陳橋（橋則係新建）鎭內有居民五百家，河務分局卽設於昔日總督行轅內。

三時三刻回至渡口，於渡船中則見岸壁聳立，約六公尺有奇，其切面現有層次，想係多次淤澱者。其最上層約厚七公寸，係黏土，次爲厚四公寸之沙，又次爲二公寸之黏土，又次爲二公寸之沙，又次爲一公尺之黏土，又次爲二公尺之沙，又次爲三公寸之土，至水面，可見每次淤積之狀況矣。

於船渡南岸，再上行方至柳園口，河中多沙，故船夫六七，皆赤身下水，或推或挽，至南岸則拉牽而進，五時半登岸，同行者有河務局陳局長汝珍，建設廳宋科長海涵，王專員，王祕書，及余；以外尚有河務局數人。李班長潤之因病攜測夫返濟。

在開封視察完畢，關於調查材料，未預備完竣者，後由河務局補寄。乃擬於二十六日早八點西上。陳局長以在汴尚未參觀風景，懇切挽留，遂於是日上午先至古吹臺，一名禹王臺，今爲建設廳之園藝場，正値菊花展覽會，臺上有一取水器，內格作螺旋形，乃一螺旋吸水機也。臺旁爲繁塔，旋至龍亭，宋朝之宮殿也，巍峨高聳。東有潘湖，西有楊湖，乃開封之第一勝地，內有侯嬴井，九龍墩等古蹟。又至博物館，爲前法政學堂故址，內容極豐富，未及全覽，只商代文化遺蹟，殷墟甲骨文字，及新鄭出土銅器，已足觀矣。復經鐵塔，至孟子遊梁祠。匆匆之間一覽無餘，遂於十點離汴城矣。

先至柳園口後沿大隄西行，隄頂汽車路極爲平坦，兩傍造林成績亦佳。柳園口西河南建設廳計畫由此引黄入惠濟河。六公寸之虹吸管，已運至隄。濾水池爲舊柳園口決口窪地。自河隄至開封幹渠寬八十英尺，於西郊分爲二：一向南至西南城角折而東，經建設廳苗圃，入惠濟河；一向南經朱仙鎮至歇馬營入賈魯河，爲支河，寬五十英尺。閘口之進水量爲每秒二千立方英尺，供灌溉及航行之用。

經東漳、楊橋至來同寨已十二點（距開封一百三十里）。上游南岸分局設於斯，凡河局房屋，建築較佳。進餐後更西進，沿途河面寬廣，最窄處，亦有至五百公尺者，盡爲石護岸南岸鹼地甚多，險工爲黑岡口、楊橋等處。

下午一點十分至鄭縣北石橋（下三堡）西，即爲光緒十三年黄河決口處，所謂鄭州大工者是也，禍及中牟、開封一帶。相傳此工用款千餘萬兩，言之者尚多表示不滿。有李鴻藻、李鶴年、覺羅成孚、倪文蔚、吳大澂等勒石，此工始於十三年十二月二十日，至十四年十二月十八日竣工。

河南省自鄭州決口，四十餘年來無水患，石料護岸之力也。雖近無水患，河南黃河問題尚未完全解決。前曾言之，六大變遷，皆自河南。今實察河形，沙洲縱橫，水流遲緩，再證諸華北水利委員會十八年最大含沙量之測驗，陜縣最大爲百分之二二・六二，同年開封爲百分之三・八二。其差如是，則大部之沙，必盡淤澱河南；而河道又寬，水漫流沙洲間，日積月累，洪水突至，河身與平地難分，又必衝決，而第七次改道之患，恐亦必因此而生。故今日之無水患，吾不爲河南喜，若一發決，卽爲害江北，敢斷言也。爲今之計，河南速定適當河槽以治水，實乃根本之圖。

鄭縣，滎澤界有虹吸管，徑約十五公分，引黃灌田，已試用之，成績甚佳，淤塞情形亦輕。現人民自動又加一管，可見人民難於創始，樂於守成，奈何山東尚未興辦耶？

三點至保和莊，隄爲沙築，車不能行，改由隄下行，甚困難，於四點抵平漢路黃河南岸站。以無火車與車站交涉，借用軋車兩輛。自開封所借之汽車，卽止於此。黃河南岸大隄亦於此爲終點。渡黃河鐵橋約十七分鐘，橋一百孔，每孔一百尺，共計一萬尺（約三·一公里）過橋後至北岸車站，有備好之長途汽車一輛。沿沁河隄西行，又北行。隄之切面就車中估計約略爲隄頂寬六公尺餘，隄外背河地面較隄頂低十公尺，隄裏臨河地較隄頂低三公尺，水面較隄頂低六公尺餘，如是水面尚高地面三公尺餘也。約四十餘里，抵木欒店寨，爲昔日之交通要道。渡沁河至西岸，爲武陟縣。冬日河上有木樁覆以秫稭之橋，大水時則被沖斷。

六點至武陟，寓河務上北分局。沁河河務局亦在是。沁水源出山西沁源縣北之綿山，支流甚多，共長五百餘里，其流域南北二百餘里，東西五百里，屢次爲災。二十年九月測量一次，流量爲每秒三百四十立方公尺，其含沙量似亦甚大，但不知確數。曾受黃河倒漾影響。沁水上游灌溉利用甚廣，因水面較地面爲高，故利於灌溉。每閘可灌田二三十頃，或百餘頃，冬春用水，夏日停止，故灌田與最大流量無關，皆係人民自己管理之。引沁之閘多在河之凹邊，（即緩溜）恐正溜衝入閘門也。

灌溉後可增收三分之一，地價增一倍。

沁河防止泛濫之法，則用土石稭埽。沁河每年泛溢大小不等，但皆非沖決，故加高隄頂實爲要圖，沁河工程，前爲每年二萬五千元今已無定額隄爲民隄官守，分兩局四汛，共有九十六工兵，局長爲鄭有瑋氏，屬河南河務局。

二十七日早八點赴距武陟五里之朱原村，參觀灌溉閘。引水渠自河水至圍隄（爲引水建築用以保護大隄者）長短不等，穿圍隄時，有閘門，過涵洞，出圍隄約有二公尺，爲露天渠，繼爲涵洞。其上可種地，至大隄時，又爲露天渠有閘門在露天渠之兩端，再穿大隄而入灌溉渠。參觀後又回武陟西行。

此古懷州地，時值秋末，白菊徧野，亦美景也。懷菊入藥，而產量亦豐。據云：菊花、山藥、牛七、地黃爲此地藥品特產。經小司馬於五堡上隄，沿途極不易行。

該處漭河，水流甚急。原只有十公尺，今年爲一百公尺，黃河一部之水流入，夏季黃漭不分，一片汪洋，合而爲一，隄多石護。

孟縣與武陟交界處，有先賢卜夫子故里碑（其墓則在山東菏澤）十二點三刻至溫縣東門，折南行至古柏嘴渡口視察，二點始到。該處爲河南境內河道最窄者，寬約五里。現在河之正溜近南岸，中有沙洲，北岸有河溝一道，寬約十公尺。南岸爲邙山，北岸地勢亦頗高，（地與水面平。）有小隄高一公尺三寸，頂寬二公尺。對岸灘上南部多樹，地價每畝四五元，北岸十餘元。水受山勢阻撓，折向東北流。

四點到大王廟進午餐。下午六點住孟縣城南五里之防汛辦公處（北開義村）此處距武陟只一百二十里，雖稍南經古柏嘴渡口，但如此短程，行走一天，足見大汽車行動之遲緩。沿途尙無險工。孟縣爲韓愈故里，南門內有碑，其後人尙有在者。

二十八日早六點半出發，經孟縣城西去，直赴白坡渡口。路更難行，計至八點一刻，始至落駕頭（距孟縣十五里）後來之轎車，都已追上，蓋以車身偉大，而道路窄狹，路基又較地面約低五公尺至八公尺，如行壁中，地復不平，是以困難萬分。

至落駕頭漸近河灘：有小橋一架，車不敢行，改僱馬車三輛，九點出發，至十一點半約行二十里至孟津渡口。本擬於此處僱船下行，至洛河口，然船極稀少，不得已渡河。沙洲甚多，船不能近岸，由船夫背負涉水登舟，約半點鐘至南岸。距鐵謝二里，漢陵在焉。因有赴洛陽之營業汽車，急待出發，故未往瞻仰。

據傳孟津古城，在今城北二十五里，今城距河南岸約五里。黃河身逐漸南滚，故於嘉靖三年避河遷此，證諸漢陵，亦屬可信。陵今已臨水，最爲危險，斷非建陵初意所能料及。地方人爲保護古蹟計，擬修石壩，實一舉兩得也。

乘車經龍馬負圖處，內有伏羲殿，及龍馬像，像爲龍首馬身，背有花紋。伏羲氏獲之於此，畫八卦，則文化之始。有歷代帝王碑記。又經孟津縣西門，四十五里至洛陽，寓同春大旅社，同行者爲河南河務局郝西庚君。

二十九日整理各種材料，幷討論治河方法，休息，沐浴

三十日早六點二十五分，自洛陽乘火車赴鞏縣。八點到，先至縣政府，由建設

局長陪赴洛河口視察。洛河穿流鞏縣境，地土肥腴。每畝地價百元至三百元不等。乘舢板順洛河下行，約八九里，山水明秀，風景甚佳，頗似江南，不圖乾燥之中原，尚有此等地方。大水時洛河受黄河倒漾至黑石關，約五十里，遠望洛黄交會之處，水色界劃分明。至邙山頭大王廟下船，河溜正刷邙山東行，邙山係黄壤土質，高約四十公尺，一月中坍塌數次。據云：邙山之北曾有村莊，今已隨波湮沒。此上二十里處有石護岸，頗有效力。上游之鐵謝，下游之古柏嘴渡口，及洛口，河溜皆在南岸。又據稱最高水位較現在約高一公尺六寸，最低亦不過低四公寸，如是則水位差只二公尺。視察後乘船渡至洛河東岸，步行而返，因船行不易，且費時也。

沿河石料，多自鞏縣採運，青石出孫家灣，距河口約四十里，每方約七千斤（十六兩秤），開採工每方約三元至三元五角。運至開封工料共需十八元，蘭封二十一元，菏澤三十四元。方船可運五方，兩頭尖船可運兩方。十二點乘車，一點半回洛陽。

洛水發源於陝西之冢嶺當少華山之南，藍關之東，經雒南，及河南之盧氏，洛寧、宜陽、洛陽、偃師、鞏縣等縣，長七百餘里。其支流爲澗水、瀍水、及伊水。伊水源出盧氏縣之悶損嶺，東流經嵩縣、洛陽之龍門，會入洛河，伊水亦長六百餘里。洛水在洛陽以上，利多害少。洛陽城南亦甚得灌溉之益。南關新修護岸隄，已有損壞。

河南省河務局管理區域，南岸自孟津鐵謝鎮起，至銅瓦廂入河北東明境，共長四百三十餘里。北岸自孟縣白坡起，至銅瓦廂入河北長垣境，共長四百十五里。兩岸共八百四十餘里。沁河兩岸，亦各一百六十里有奇。

河南之治河歷史最久，清代由河東道總督專管，復分其權於開歸、河北兩道。南北兩岸設同通都守八廳、八營，及蘭封、滎澤、孟縣黃河官工三局，河內、武陟、沁河民工兩局。嗣後河督缺裁，歸河南巡撫兼理。民國二年改設河防局，舊日河工同通八廳及五工局，均改爲河防分支局長，都守改爲營，二年復裁併，設十局十營，又改爲九分局，兩工程隊七支隊。八年改河務局各支隊長一律稱爲工巡隊長。沁河亦改歸官辦，分爲東西沁兩分局，直屬河務局。民國十七年預算經費二十五萬九千零三十八元，工款二十三萬七千二百二十七元，共合四十九萬六千二百六十五元，由省庫支付。然以財政困難，實支不及總數之半。

三十一日王專員等赴龍門，余以前次赴西安時，參觀一次，故未同往，因整理所搜材料。此行時日雖短，然沿途利用時間，則甚經濟，故一日有二日之功。

晚六點王專員等乘車西去，赴潼關，更繼續視察。余則於十一月一日早六點二十五分乘車東返。晚八點到徐州，即晚九點半乘車北來。二日上午九點至濟南。

此行所得各種資料，多爲河務人員及地方人士所贈，既予以視察之方便，不明之處，又承代爲解釋，特附誌感謝。

（二十一年十二月五日記於津門）

張

中華民國二十五年十二月初版

(63304·1)

治河論叢一册

每册實價國幣壹元伍角
外埠酌加運費匯費

定價

※※※※※※※※※

有所權版
究必印翻

著作者　黃河水利委員會委員兼總工程司　張含英

出版者　國立編譯館

發行人　上海河南路　王雲五

印刷所　上海河南路　商務印書館

發行所　上海及各埠　商務印書館

六五三八上

後記

我是從數學史學習中逐步瞭解治黄史的。漢代《許商算術》的作者許商，好天文術數之事的王景、李尋善，他們既是數學家，又以治理黄河而聞名。我國現存最早的河工著作《河防通議》，將中國古典數學天元術運用到治黄工程中，創造了中國古代工程數學的一個高峰。除了數學史之外，内蒙古師範大學科學技術史研究還以少數民族科技史和地方科技史見長。李迪先生曾指出地方科技史研究的重要内容是人與自然環境變遷、科技遺迹與自然環境以及環境與生産的關係，此類研究具有明顯的現實意義和重要價值。想要通過大科學史研究，弄清變遷的原因和未來的發展趨勢，産出對于地方各方面的開發有更大、更直接價值的成果，這類研究大多離不開文獻。之後，李迪先生更是直接指出科技史研究不僅是對過去的科技工作和科技成果的回顧與總結，而且要着眼于現代，讓古人的發明創造爲今人服務，繼續在現代發揮其應有的作用。我將先生大科學史的治學理念視爲座右銘，在科研工作中更加注重讓科研成果服務于國家戰略與區域發展需求。

二〇一九年九月，習近平總書記在黄河流域生態保護和高質量發展座談會上指出，黄河流域在我國經濟社會發展和生態安全方面具有十分重要的地位。黄河流域生態保護和高質量發展是重大國家戰略。同年十月，黨的十九届四中全會提出『加强邊疆治理，推進興邊富民』，首次把邊疆治理寫入黨的文件。内蒙古師範大學組織科研力量，積極申報研究闡釋黨的十九屆四中全會精神的國家社科基金重大項目，其中『中國特色社會主義民族區域自治制度自信研究』項目獲批。我承擔其中的『鑄牢中華民族共同體意識下的民族自治地方文化自信研究』子課題，而黄河是首選文化要素。二〇二四年，該項目順利結項，我也對黄河文化所藴含的時代價值有了更深的體會。

有鑒于此，我帶領文化遺産智能應用服務中華民族共同體建設『英才興蒙』團隊，以黄河爲主題，開展了文獻、文物、傳統工藝等多模態資源庫建設和跨模態應用示範工作。這次與内蒙古人民出版社合作出版的《黄河國家治理文獻集成》，旨在梳理和總結文獻中所藴含的歷史經驗和文化信息，爲當代及未來的黄河治理和地方文旅産業發展提供參考與借鑒。

感謝内蒙古民族文化産業研究院、巴彦淖爾市圖書館等单位的傾力相助，感謝内蒙古自治區黨委宣傳部、内蒙古出版集團、内蒙古人民出版社對本項目的支持與幫助。

在此，也向致力于黄河治理和大河安瀾的歷代先賢與當代典範表達崇高的敬意：你們的不懈努力與無私奉獻，爲黄河的安寧與人民的福祉築起了堅實的防綫；你們的智慧與勇氣，將永遠銘刻在中華民族的歷史豐碑上，激勵後人不斷前行。

董杰

二〇二五年一月

北疆文化